Günter Lanitzki
Die WASA von 1628

Bemerkungen zur 3. Auflage

Als ich das Manuskript für dieses Buch beendet hatte, stand weder der Termin für die Schließung der Wasavarvet fest, noch war ein Abschluß der Diskussion um das neue WASA-Museum abzusehen. Daraus folgt zweierlei: Einerseits war das Kapitel »Im WASA-Museum« zum Teil in der Gegenwartsform geschrieben, andererseits gab es über das neue Haus nur Andeutungen. Nach Eröffnung des modernen Museumsgebäudes machte sich deshalb eine Überarbeitung des letzten Buchabschnittes erforderlich. Aus gestalterischen Gründen entschloß ich mich jedoch, auf Textänderungen zu verzichten, dafür aber in einem Zusatzkapitel die »Endgültige Heimstatt der WASA« ausführlich zu behandeln und so einen würdigen Schlußpunkt hinter die Geschichte des berühmten schwedischen Kriegsschiffes zu setzen. Bei dem letzten Abschnitt unterstützten mich dankenswerterweise Lars Åke Kvarning, Dr. Hans Soop und Bert Westenberg sowie die Fotografen Gunnel Ilonen und Johan Jonson vom Statens Sjöhistoriska Museum.

Günter Lanitzki

Günter
Lanitzki

Die WASA von 1628

Illustrierte Geschichte des berühmten schwedischen Kriegsschiffes

3., bearbeitete Auflage

transpress
VEB Verlag für Verkehrswesen
Berlin 1990

Quellennachweis

Cederlund, Carl Olof: »Folket som byggde Wasa«, Stockholm 1978
Franzén, Anders: »VASA – Regalskeppet i ord och bild«, Stockholm 1960
Landström, Björn: »Regalskeppet VASAN från början till slutet«, Stockholm 1980
Lanitzki, Günter: »Amphoren, Wracks, versunkene Städte«, Leipzig 1980
Ohrelius, Bengt: »VASA, kungens skepp«, Stockholm 1959
Soop, Hans: »Regalskeppet WASA, Skulpturer«, Stockholm 1978
Weiterhin wurden von der Wasavarvet herausgegebene Presseinformationen und Museumskataloge sowie in der Stockholmer Kungliga Biblioteket (Königliche Bibliothek) und im Riksarkivet (Reichsarchiv) bewahrte zeitgenössische Schriftstücke ausgewertet.

Lanitzki, Günter:
Die Wasa von 1628 : ill. Gesch. d.
berühmten schwed. Kriegsschiffes. –
3., bearb. Aufl.
Berlin : Transpress, 1990. – 168 S.:
206 Bilder & 1 Beil.

Die Schiffspläne wurden nach Vorlagen der WASA-Werft (Eva-Maria Stolt) umgesetzt.

ISBN 3-344-00461-1

3., bearbeitete Auflage 1990

1086 Berlin, Französische Str. 13/14
VLN: 162-925/156/90
LSV: 3869
Zeichnungen: Johannes-Christian Rost
Grafische Gestaltung: Dietrich Kahnert/Rudolf Wendt
Fotos: G. Lanitzki; STATENS SJÖHISTORISKA MUSEUM
Lichtsatz: INTERDRUCK Graphischer Großbetrieb Leipzig – III/18/97
Druck: LVZ-Druckerei „Hermann Duncker“
Printed in the German Democratic Republic
5675159
02200

Inhalt

Vorwort

Dieser Band ist das Resultat einer über zwanzigjährigen kontinuierlichen Zusammenarbeit mit Anders Franzén, dem Entdecker der WASA, mit den an der Hebung beteiligten Tauchern und Bergungsexperten sowie mit den Wissenschaftlern des WASA-Museums. Sie stellten mir nicht nur ihre Forschungsberichte, sondern auch einige der hier wiedergegebenen Fotos als wertvolle Ergänzung eigener Aufnahmen zur Verfügung. Ihnen allen, insbesondere Kapitän Bengt Ohrelius, Dr. Per Lundström, Dr. Hans Soop, Dr. Lars Barkman, Carl Olof Cederlund, Bo Lundvall und Brigitta Håfors, möchte ich für die kollegiale Unterstützung danken, die sie mir während meiner Aufenthalte in Stockholm gaben. Zu großem Dank fühle ich mich der schwedischen Regierung verpflichtet. Sie lud mich kürzlich zu einem Studienbesuch ein, so daß ich die neuesten wissenschaftlichen WASA-Forschungsergebnisse mit verwerten konnte. In meinen Dank schließe ich den früheren in der Deutschen Demokratischen Republik akkreditierten schwedischen Botschafter Herrn Eric Virgin und Herrn Botschaftsrat Ian E. Paulsson ein. Schließlich möchte ich mich bei Herrn Rudi Wetzel bedanken, der mir bei der Übersetzung der in Altschwedisch geschriebenen Dokumente half. Dank gilt auch meiner Frau für die Durchsicht des Manuskriptes. Einige Textstellen, die nur Fachkundigen erklärlich gewesen wären, habe ich auf ihren Rat hin allgemein verständlich abgeändert. Trotzdem durfte ich aus sachlichen Gründen auf gebräuchliche seemännische Begriffe nicht völlig verzichten. Zeitgenössische Orts- und Personennamen sind, soweit es mir möglich war, einer einheitlichen Schreibweise angeglichen worden. Bei einigen Originalfunden habe ich die entsprechenden Katalognummern angegeben. Sie sollen eventuelle Fehldeutungen der Objekte ausschließen und zum anderen Fachwissenschaftlern die Einholung von weiterführenden Informationen erleichtern.

Wenn dieses Buch sowohl dem allgemein kulturgeschichtlich oder maritim interessierten Leser als auch dem Fachmann zu Anregungen und neuen Erkenntnissen verhilft, so wird es seinem Anliegen gerecht. Das Ringen aller am WASA-Projekt Beteiligten dürfte beim Leser als kulturhistorische Tat anerkannt werden. Das vorliegende Buch ist somit auch ein bescheidener Beitrag zur weiteren Verbesserung der bestehenden kulturellen Beziehungen zwischen dem Königreich Schweden und der Deutschen Demokratischen Republik.

Günter Lanitzki

Der Schiffsbauhof Gustav II. Adolf

»Kleine Schiffe zu bauen führt bloß zur Vergeudung von Jungholz.«

Gustav II. Adolf, König von Schweden; 1611–1632.

Am 16. Dezember 1611 legte der nach Nyköping einberufene Reichsrat »die Macht und das Wohl des schwedischen Reiches« in die Hände des siebzehnjährigen Gustav Adolf. Von seinem Vater, Karl IX., hatte der junge König unter anderem eine relativ große, aber völlig veraltete und überholungsbedürftige Kriegsflotte übernommen. In den ersten Jahren seiner Regierungszeit konnte Gustav II. Adolf kaum die dringendsten Instandhaltungsarbeiten an den Schiffen ausführen lassen, da die Mittel dafür äußerst knapp bemessen waren. Kriegerische Auseinandersetzungen mit Dänemark, Rußland und Polen machten sich im Staatshaushalt so spürbar bemerkbar, daß trotz erhöhtem Steueraufkommen (Kriegssteuer) zum Beispiel bei den niederländischen Generalstaaten bedeutende Anleihen aufgenom-

Stockholm um die Mitte des 17. Jahrhunderts. Blick von der Insel Skeppsholmen auf die Altstadt mit dem Königsschloß »Tre Kronor«. Der Kupferstich von Wolffgang Hartman wird auf der linken Seite von der Maria-Magdalenen-Kirche auf Södermalm und auf der rechten Seite von einem Teil Blasieholmens auf Normalm begrenzt.

Gustav II. Adolf verpachtete am 10. Januar 1625 die Stockholmer Werft an den bekannten holländischen Schiffbaumeister Henrik Hybertsson mit dem Auftrag, zwei weitere Regalschiffe – die TRE KRONOR und die WASA – für seine Flotte zu bauen.

men werden mußten, um die fällige Reparation an Dänemark zahlen zu können.[1]

Erst zu Beginn der zwanziger Jahre verbesserten sich in Schweden die wirtschaftlichen Verhältnisse. Das kleine und arme Land begann zu einer Großmacht aufzusteigen, da es durch den Friedensvertrag von Stolbowa (1617) und die späteren Feldzüge in Livland mehr und mehr den Ostseeraum kontrollieren und dadurch den Seehandel beeinflussen konnte.

Jetzt widmete sich Gustav II. Adolf intensiv dem Aufbau einer neuen Flotte, die für die Beherrschung der Ostsee unumgänglich war.[2] Wie in anderen Wirtschaftsbereichen vertraute man auch im Schiffbau auf Ausländer. Während Paridon van Hoorn und Christian Welshuisen – zwei aus Holland eingewanderte Schiffbauer – durch ihre auf der Werft von Västervik fertiggestellten Neubauten sich einen guten Ruf erwarben, zogen Henrik Hybertsson und Isbrant Johansson – ebenfalls zwei holländische Schiffbauer – die Aufmerksamkeit der Admiralität auf sich. Hybertsson begann seine Laufbahn im Jahre 1603 auf der größten Schiffswerft des Landes, dem Stockholmer Schiffshof des Königs, und war ab 1605 auf verschiedenen anderen schwedischen Werften erfolgreich tätig. 1611 wurde der inzwischen geschätzte Hybertsson erneut in die Hauptstadt beordert.[3]

Der Stockholmer Werft stand ein sogenannter Holmadmiral vor, ein Werftkapitän und einzelne Bereichsleiter unterstützten ihn. 1615 pachtete der damalige Holmadmiral Richard Clerck außerdem die Werftseilerei und sorgte somit auch für die Takelung der gesamten Flotte des Reiches. Im Februar 1620 pachtete der Großkaufmann und Zeugmeister Antonius Monier für fünf Jahre die Werft. Er verpflichtete sich gegenüber der Krone, Neubauten herzustellen bzw. Unterhaltungs- und Reparaturarbeiten im Wert von jährlich 60 000 Dalern[4] durchzuführen.

Unter Monier änderte sich Hybertssons Stellung auf der Werft. Als engster Vertrauter des Pächters leitete er selbständig alle Schiffbauarbeiten und wurde 1621 und 1622 finanziell an zwei Fahrzeugneubauten beteiligt. 1623 holte Hybertsson seinen Bruder Arent, einen begabten Kaufmann, als Wirtschaftsleiter auf die Werft. Zu dieser Zeit konnte der erkrankte Holmadmiral Clerck seinen Verpflichtungen kaum noch nachkommen[5], so daß die Brüder Hybertsson in den meisten Fragen vollkommen eigenständig handeln mußten. Da Monier seinen Werftvertrag nicht zu verlängern beabsichtigte, strebten sie einen Pachtkontrakt mit der Krone an. Weihnachten 1624 legten sie dem König ihren mit Reichsadmiral Carl Carlsson Gyllenhjelm und Admiral Klas Larsson Fleming abgestimmten Werftplan für die nächsten fünf Jahre vor. Gustav II. Adolf, der inzwischen seine Flotte um 25 neue und einige im Ausland erworbene Fahrzeuge verstärkt hatte, billigte das Vorhaben der Gebrüder Hybertsson und unterzeichnete am 17. Januar 1625 die Pachturkunde: Bis zum Ablauf des Jahres 1629 sollte die Stockholmer Werft zwei kleinere (jeweils mit 15 000 Daler veranschlagte) und zwei größere Schiffe, die man zusammen mit 80 000 Dalern veranschlagte, fertigstellen. Letztere Fahrzeuge gehörten zur Regalskepp[6] genannten Klasse und wurden unter den Namen TRE KRONOR (DREI KRONEN) und WASA in die Schiffslisten der Admiralität aufgenommen. Als Kommandanten der WASA sah man den im Dienst der schwedischen Krone stehenden Dänen Söfring Hansson vor, der vorläufig als Werftkapitän Admiral Fleming zu unterstützen und den Bau seines Regalschiffes zu überwachen hatte.

Im ersten Pachtjahr verlief auf der Werft alles zur Zufriedenheit der Admiralität und des Reichsrates. Die TRE KRONOR und einige kleinere Fahrzeuge liefen vom Stapel.[7] Außerdem rüstete man auf anderen Werften neugebaute Schiffe aus. Die Admiralität äußerte sich gegenüber dem König wiederholt lobend über die Stockholmer Werft, so daß Gustav II. Adolf dem Schiffbaumeister »in Anerkennung seiner Verdienste für die Krone« ein Landgut als Lehen übereignete.

Die beiden Brüder hatten von Anfang an eine Arbeitsteilung vereinbart: Henrik, als Leiter der Werft, kümmerte sich nicht nur um den Schiffbau, sondern war auch für alle inländischen Zulieferer sowie für die Verhandlungspartner in der Rentenkammer (Steueramt) und im Reichsrat zuständig. Arent zeichnete für die ausländischen Kontakte verantwortlich. In den Generalstaaten und in Norddeutschland kaufte er Eichenplanken, Hanf, Blattgold und Kompasse auf, sorgte für den Transport der erworbenen Waren nach Stockholm und warb Facharbeiter für die Werft an.

In dieser Periode rückte man in Schweden immer mehr von der Naturalienwirtschaft ab und ging im gleichen Maße zur Geldwirtschaft über. Dieser ökonomische Umschwung machte sich zwar für das Königshaus angenehm, für die Pächter jedoch nachteilig bemerkbar. Auf der Werft lehnten beispielsweise die ausländischen Facharbeiter die in ihren Augen wertlosen Kupfermünzen ab — sie forderten ihren Lohn, wenn schon in Geld, dann aber in Silbertalern. Dieses Verlangen führte systematisch zur Verschuldung der Werft, da die Krone für die gelieferten Schiffe neuerdings nur in Kupfer zahlte.[8]

Die wirtschaftliche Situation auf Skeppsholmen verbesserte sich auch nicht, als Henriks energische Frau Margareta und Jacob Eriksson — vermutlich ein Sohn Margaretas aus erster Ehe[9] — aktiv in das Werftgeschehen eingriffen, indem sie beiden Brüdern viele Verwaltungsarbeiten abnahmen. Obwohl die Unzufriedenheit der Holmleute von Lohntag zu Lohntag wuchs, ging der WASA-Bau voran.

1627 starb der bereits seit dem Vorjahr erkrankte Meister Henrik.[10] Die Verantwortung für die Werft lag nun bei Arent und der Witwe Margareta, die sich jetzt vor allem mit ökonomischen Problemen auseinandersetzen mußte. Der Tod des Schiffbaumeisters und die wachsenden wirtschaftlichen Schwierigkeiten hatten zur Folge, daß die Arbeitsproduktivität der Werft sank. Das blieb dem Reichsrat nicht verborgen und verursachte bei den für die Flotte zuständigen Mitgliedern erhebliches Unbehagen. Man beschloß, daß jede Woche einmal zwei Ratsherren Skeppsholmen aufsuchen und sich dort von der Bausituation und besonders vom Fortgang der Arbeiten an der WASA überzeugen sollten. Wegen ihrer Größe ließ sich die Werft an einem Tag kaum gründlich inspizieren. Neben dem Hauptgebäude, in dem die Familie Hybertsson ›residierte‹, befanden sich große Lagerhallen für Holz, Schiffsausrüstungen und Werkzeuge sowie die Schmiede, in der vor allem Wallonen arbeiteten. Die Blasebalge wurden allerdings durch Sträflinge betrieben. Im ersten Teil der Werkhalle schmiedete man die Ankerteile zusammen.[11] Im anschließenden Teil hatten Grob- und Bolzenschmiede ihren Arbeitsplatz.[12] Die Hallenmitte gehörte den Nagelschmieden. Hier wurden die verschiedensten Nägel bis zu einer Größe von zwölf Zoll produziert – entsprechend der bereits damals üblichen Spezialisierung hämmerte jeder Schmied nur Nägel in

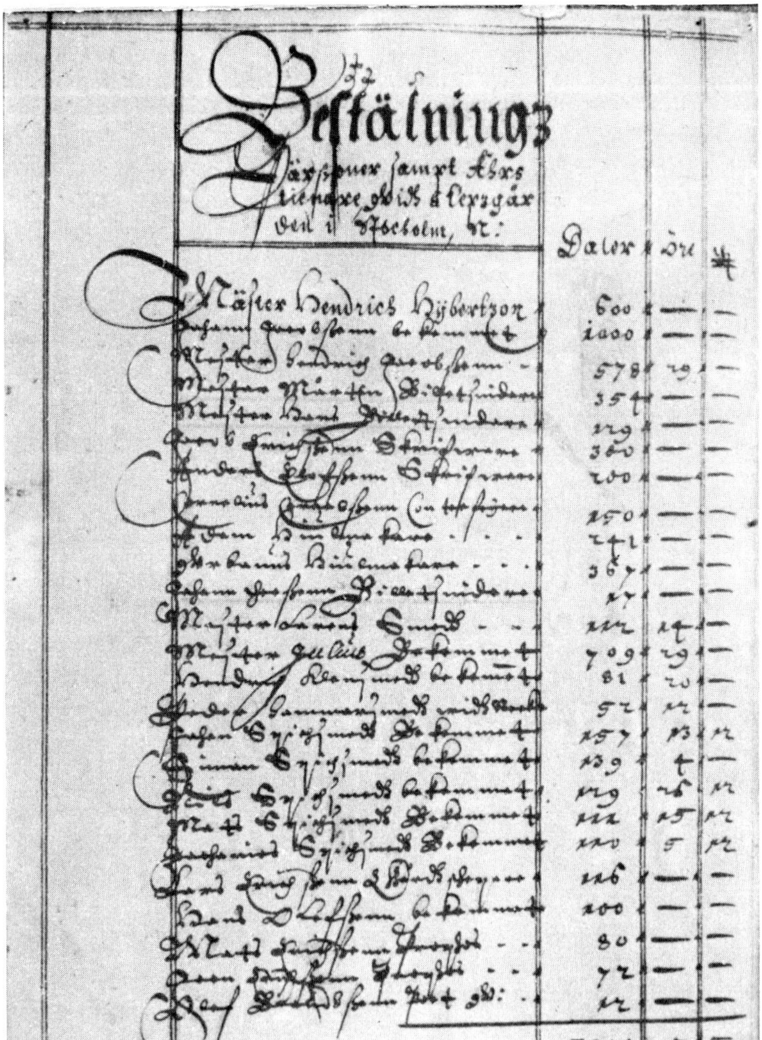

Ein Werftdokument aus dem Jahre 1625: Für ihre gelieferten Schnitzwerke erhielten die Meister Redtmer 354 (4. Zeile), Clausink 129 (5. Zeile) und Tijsen 17 Daler (17. Zeile) ausgezahlt.

einer bestimmten Größenordnung. Die Schlosserei war in einem Seitenflügel untergebracht. In ihr wurden hauptsächlich Schlösser, Schlüssel und Scharniere für Türen und Truhen, aber auch Krampen, Haspen, Pumpenherzen und Werkzeuge für die Hanfspinnerei angefertigt.

Direkt am Ufer stand der sogenannte Clärkz-Schuppen[13], in dem vor allem Segeltuch und geteertes Tauwerk lagerten. Daneben zwei weitere Schuppen: Einer diente zur Aufbewahrung von Bolzen, Schabern, Sägeblättern, Pechpfannen, Eisentöpfen und anderen Gegenständen. Der andere war als Proviantdepot eingerichtet – das Lager für Getreide, Fleisch und Butter.

Auf dem Werftgelände verstreut standen noch viele kleinere Handwerkerhütten für Stellmacher, Böttcher, Tischler, Seiler, Gerber, Maler, Flaggen- und Wimpelnäher sowie für Maurer.[14]

Schließlich ein geräumiges Haus, in dem der aus Westfalen stammende Bildsnidare (Bildschnitzer) Hans Clausink mit seinen Gesellen wirkte, und eine besondere Bildschnitzerwerkstatt für die speziell zur Ausschmückung der Regalschiffe verpflichteten Meister Mårten Redtmer und Johan Didrichsson Tijsen.[15] Die gesamte Verzierung der Schiffe wurde gesondert geplant und ausgeführt. Das war deshalb notwendig, weil die Künstler nicht nur für den Schiffbau, sondern im Auftrag der Krone auch andere Arbeiten auszuführen hatten. 1625 fertigten die Meister Redtmer für 354, Clausink für 129 und Tijsen für 17 Daler auf der Werft Schnitzwerke an, die wahrscheinlich überwiegend bei der TRE KRONOR Verwendung fanden. In den folgenden beiden Jahren wurden für die WASA mehr Skulpturen als üblich benötigt. Man stellte daher zusätzlich zwei schwedische Bildschnitzer mit den Vornamen Petter und Gert ein. Auch hat vermutlich ein Meister Marcus Ledens in der Schnitzwerkstatt ausgeholfen. Letzteres geht aus einem am 26. August 1626 im Feldlager Dirschau geschriebenen Brief Gustav II. Adolf an den Reichsrat hervor: »...Ledens soll in Stockholm bei den Schiffen auf Skeppsholmen arbeiten...«.

An einem abgegrenzten Uferabschnitt lagen die zur jährlichen Überholung vorgesehenen Schiffe vertäut. Um den Rumpf vollends neu kalfatern zu können, mußte das Fahrzeug – bis auf die unteren Mastteile – abgetakelt und alles Bewegliche von Bord entfernt oder festgezurrt werden. Mit Hilfe von zwei aus den Kanonenluken herausragenden Schwingbäumen und verschiedenartigen Flaschenzügen legte man das Schiff von Land aus so auf die Seite, daß sich der Kiel knapp über der Wasseroberfläche befand. Längs des

Einer der WASA-Anker, der in Bergslagen vorgearbeitet und in der Schmiede auf Skeppsholmen fertiggestellt worden war.

Einer der aus Kiefernholz gearbeiteten 27 Krieger in römischer Rüstung, die den unteren Teil der oberen Galerie verzieren (Standort: Steuerbordseite; Höhe etwa ein Meter; Fundnummer 5953).

Von Meister Redtmer geschnitzte Skulptur: Der »alte« Herkules mit dem Höllenhund Zerberus (Höhe 1,65 Meter; Fundnummer 397). (Abb. links)

Zwanzig grotesk gestaltete Konsolenköpfe stützen die untere Längsgalerie (Höhe 0,60 Meter; Fundnummer 5813).

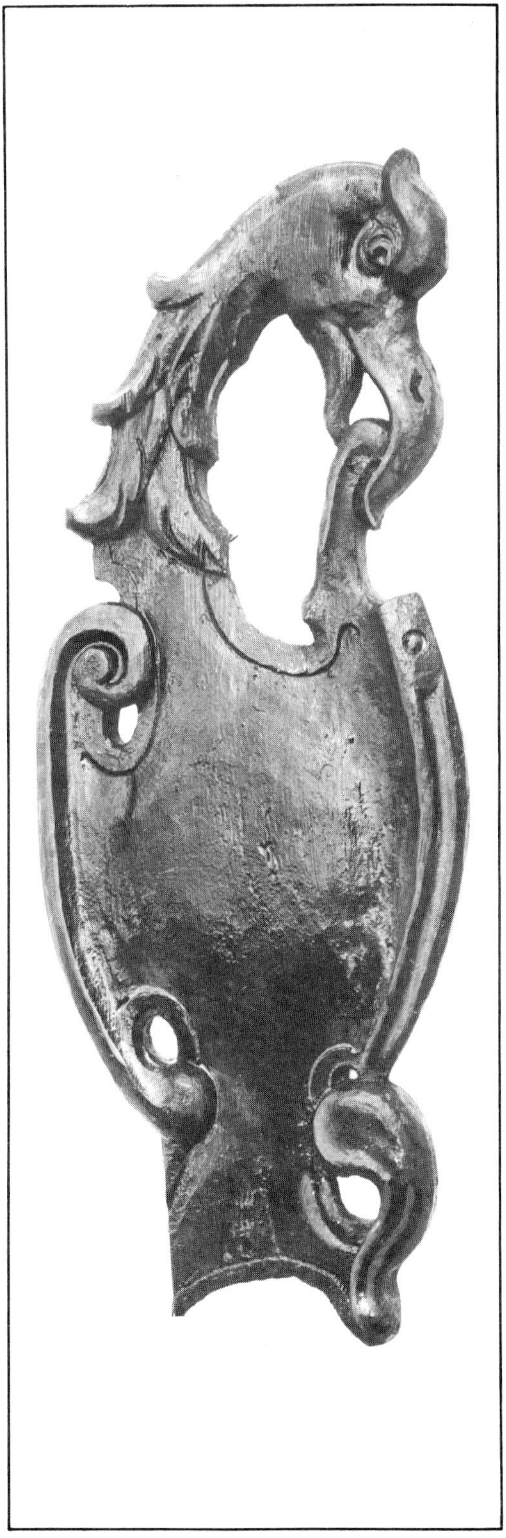

Ein dekorativer Schild mit Vogelkopf vom Achterkastell (Höhe 0,75 Meter; Fundnummer 1546).

Rumpfes wurden mehrere Flöße festgemacht, die den Handwerkern als Arbeitsplattformen dienten. Mit brennendem Stroh oder Heu sengte man das alte Pech ab. Danach meißelten Zimmermänner die Plankenfugen auf, um anschließend frisches Werg in sie hineinzutreiben. Ehe der Rumpf wieder aufgerichtet wurde, erhielt die gesamte untere Schiffshälfte einen neuen Teer- bzw. Pechanstrich. Jetzt mußte das Fahrzeug gewendet werden, damit nach der gleichen Methode die Überholung der anderen Rumpfpartie stattfinden konnte.

Auf dem Werftgelände gab es auf leicht abschüssigem Uferboden mehrere nebeneinander liegende Längshellinge. Auf starken Kielstapeln stand, abgestützt durch eine Reihe Kimmstapel, der halbfertige Rumpf des Regalschiffes WASA. Zuerst hatten die Schiffbauer den aus mehreren Stücken bestehenden Kielbalken gelegt. Etwa drei Meter lange Laschen (Überblattung) verbanden die einzelnen Teilstücke miteinander. Bevor man die Laschen mit jeweils fünfundzwanzig Metallbolzen aufeinanderheftete, hackte ein Zimmermann den Kiel von der Mitte aus nach vorn und achtern in einer fließenden Linie bis zur Stärke der Steven. Das Hacken der Sponung allerdings blieb dem Schiffbaumeister vorbehalten, da diese Arbeit äußerst geschickte Hände und ein kritisches Auge verlangte. Während man sich intensiv mit dem Kiel beschäftigte sowie Vor- und Achtersteven auf ihr richtiges Maß sägte bzw. hackte, wurden bereits die anschließend benötigten Innenhölzer bearbeitet. Sobald der Kiel gelegt sowie Vor- und Achtersteven in richtiger Höhe und Schräge angebracht waren, wurden die

Backbord steht dieser »Wilde Mann« auf einer Profilleiste, die architektonisch den untersten vom obersten Teil der unteren Längsgalerie trennt (Höhe etwa ein Meter; Fundnummer 1732).

Konstruktionsdetails des vorderen Kielraums (Bilge).

Blick in den achternen Teil des Kielraumes.

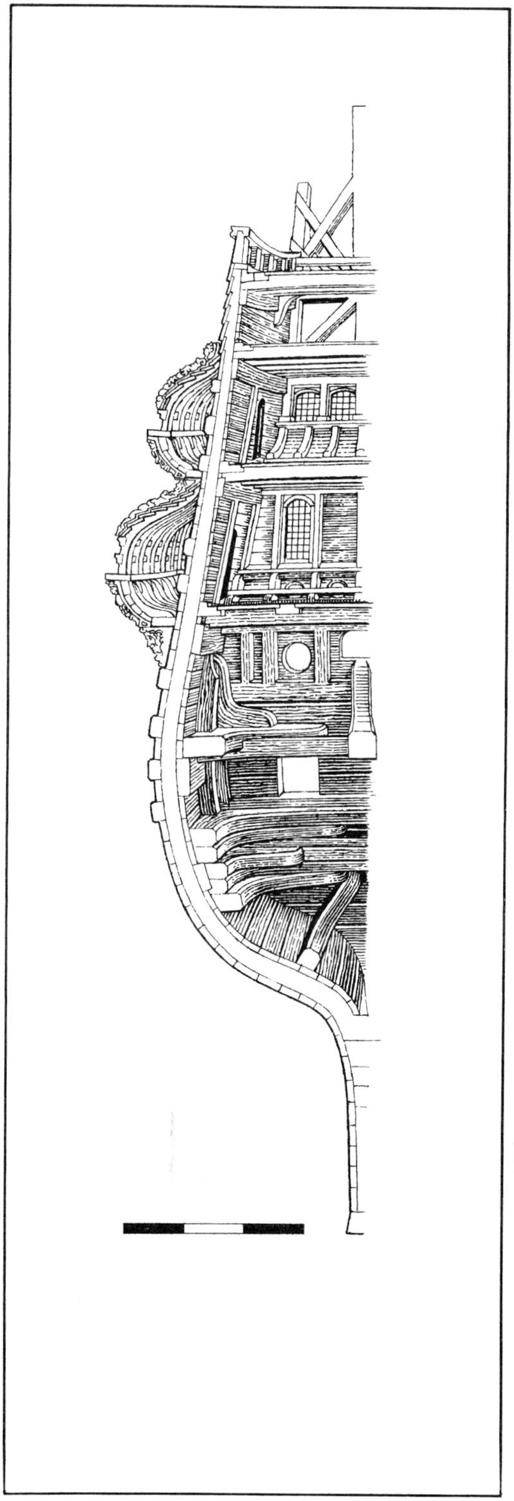

Vier Rumpfschnitte: 1. bei 0 Metern;

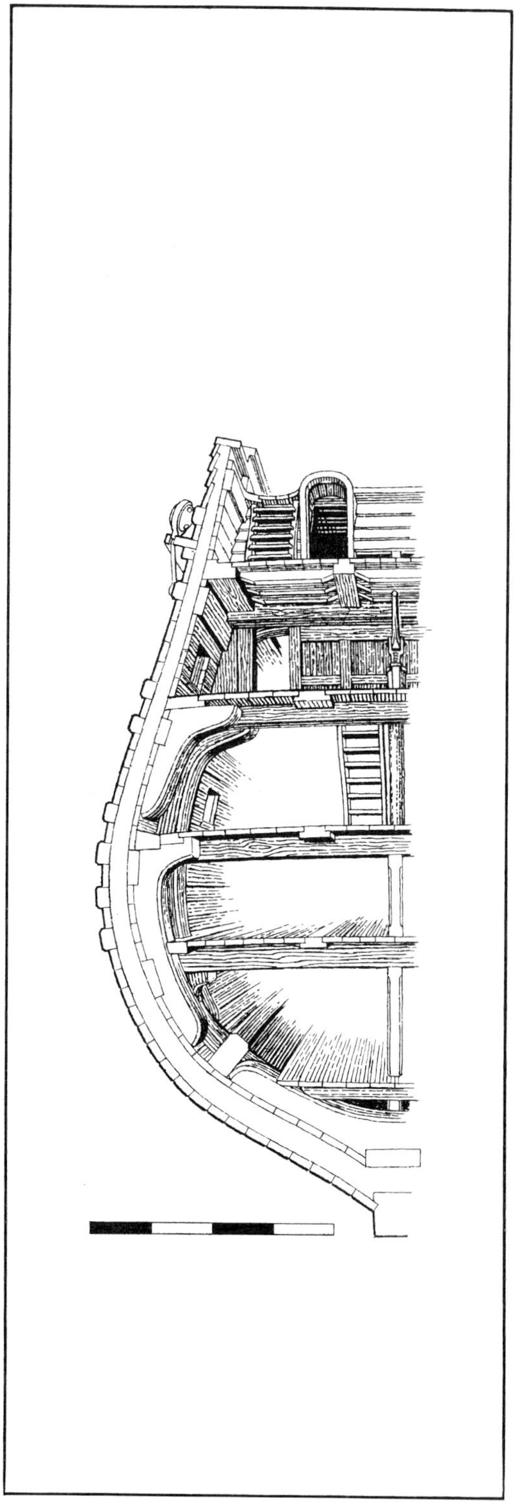

2. bei 10 Metern (Maßstab: ▬ = 1 Meter);

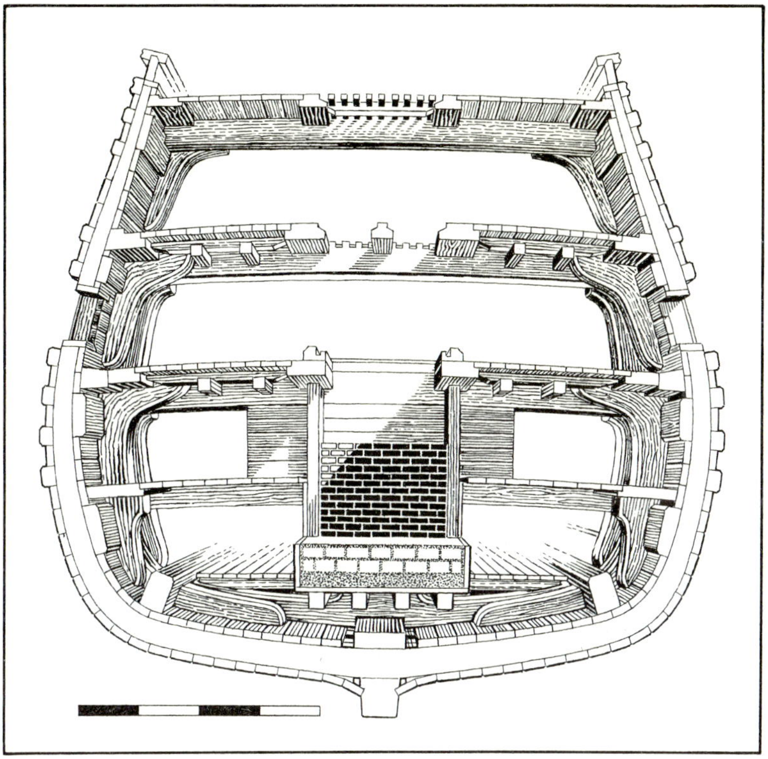

3. bei 22 Metern und

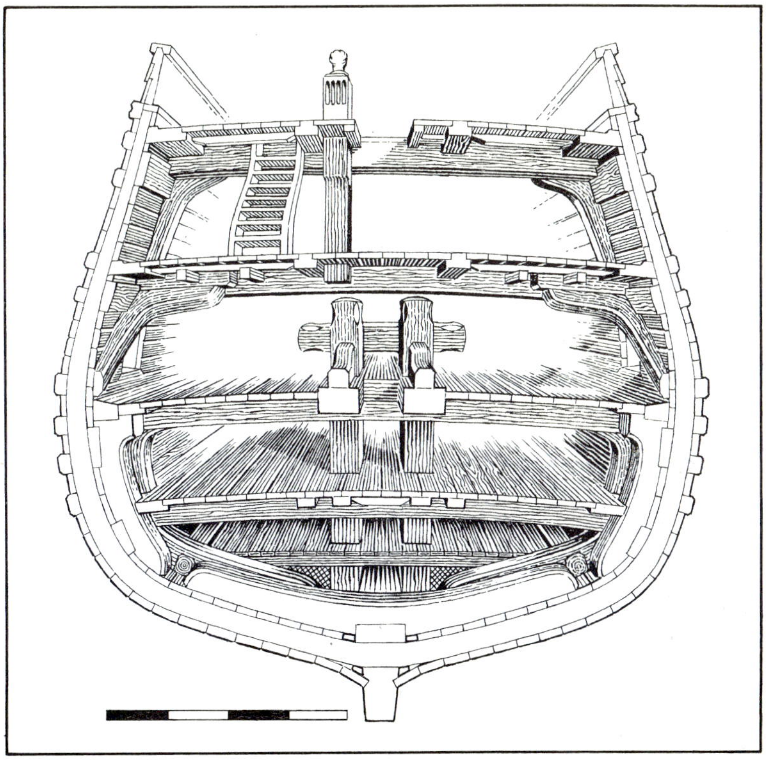

4. bei 38 Metern (Meterangabe siehe Mittellängsschnitt auf Seite 18; binnenbords angebrachte Verzierungen blieben hier unberücksichtigt).

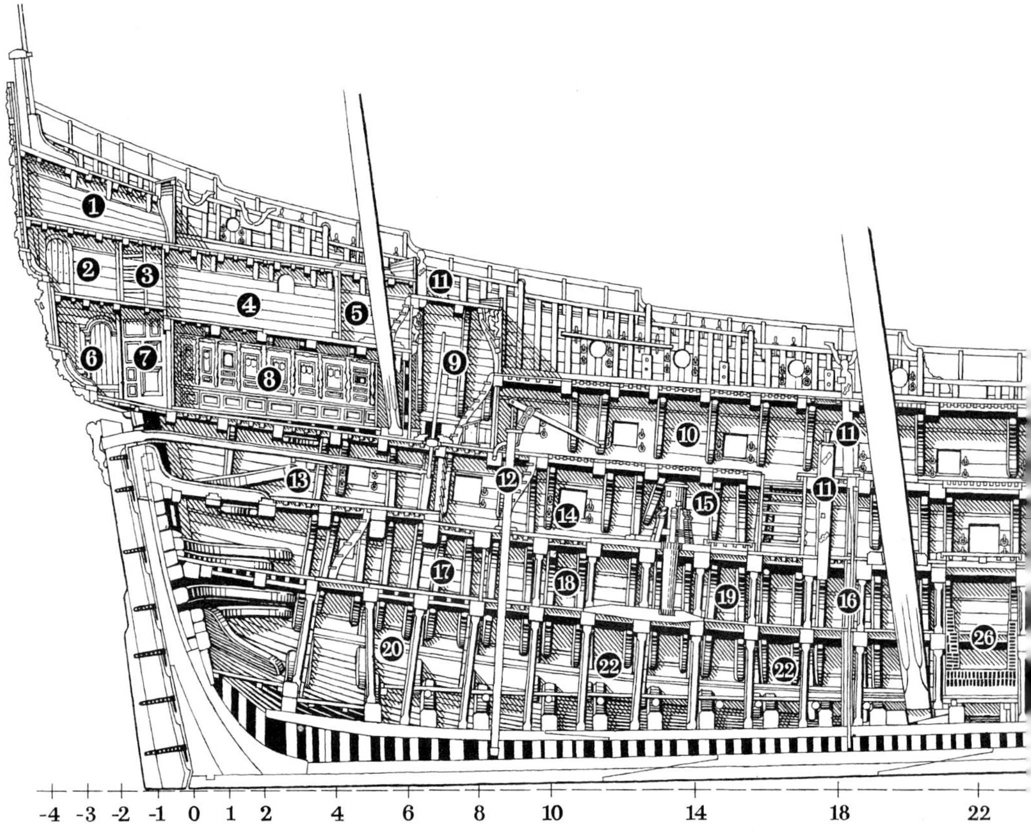

Mittellängsschnitt: 1 Obere Hütte (für Arrestanten); 2 achterner Hüttenteil mit Tür zur oberen Galerie; 3 Treppe zur Achterkajüte; 4 größter Teil der Hütte; 5 Vorderteil der Hütte mit zwei Niedergängen vom Deck über der Steuerplicht (2 bis 5 waren dem Kapitän, den Steuermännern und den höheren Offizieren vorbehalten); 6 Achterkajüte mit Tür zur unteren Galerie; 7 mit Paneelen verkleidetes Schott (verdeckt Treppe von der Hütte); 8 Admiralskajüte; 9 Steuerplicht mit zwei Niedergängen vom Ober-

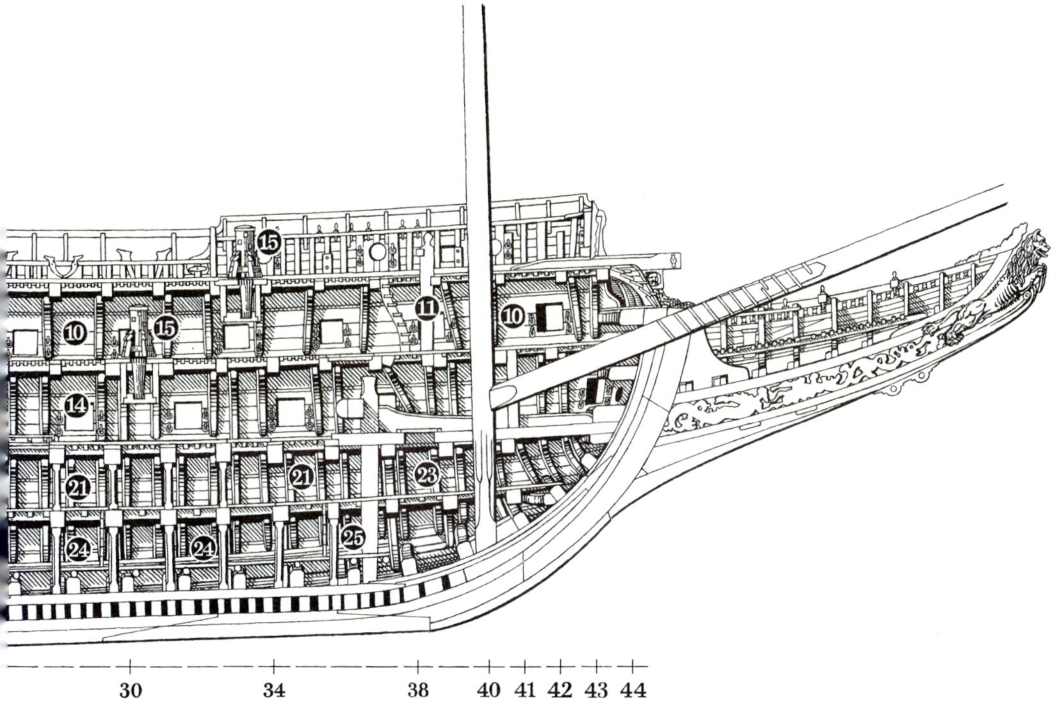

deck; 10 oberes Batteriedeck; 11 Knechte; 12 große Lenzpumpe; 13 Achterteil des unteren Batteriedecks; 14 unteres Batteriedeck; 15 Gangspills; 16 kleine Lenzpumpe (das Bleirohr ist von vier Brettern schützend umgeben); 17 Kajüte des Gefangenenaufsehers; 18 Segellast; 19 Behandlungsraum für Schwerverwundete (»Schreikammer«); 20 Pulverkammer; 21 Troßdeck; 22 Proviantlast; 23 Takelwerklast; 24 Orlopdeck; 25 Vorratslast; 26 Kochplatz. (Maßstab in Meter)

Holzgewinnung für den Schiffbau.

Holzbearbeitung: Sägen

Plankenformung
über offenem Feuer.

Erste Arbeiten bei
Kiellegung.

Viele Schiffsteile sind aus einem Stück Holz gehauen worden — deutlich ist z. B. das »Gewachsene Knie« erkennbar (unteres Batteriedeck, Steuerbordseite).

Solche mit der Axt bearbeiteten und an der Innenseite der Bordwände (Schanzkleid) befestigten Kreuzhölzer (Ohrenklampen) dienten zum Belegen der Fockschoten.

Bodenwrangen ausgelegt und die Spanten gezogen. Dann nagelte man mit Metallstiften und Holzpflöcken (pro Quadratmeter vierzig Stück) die Planken der Außenhaut an. Diese Bauweise war typisch holländisch.[16]

Neben der Helling waren Eichenplanken und krumm gewachsene Eichenstämme bzw. starke Eichenäste aufgestapelt. Die Beschaffung des Bauholzes geschah nach exakter Planung, da hierfür viele Kooperationspartner bemüht werden mußten. Neben den im Ausland erworbenen Beständen suchte man äußerst sorgfältig in den mittel- und südschwedischen königlichen Wäldern geeignete Bäume aus, die nach dem Fällen zum nächstgelegenen Hafen transportiert und auf dem Seewege nach Stockholm gebracht wurden. Das krumm gewachsene Holz mußte den späteren Formen von Spanten oder Decksknies stark ähneln, um die weitere Verarbeitung zu erleichtern. Die Zimmerleute konnten auch den meisten Stücken mit der Axt die gewünschten Konturen verleihen. War dies jedoch nicht möglich, mußten zwei Männer mit sogenannten Kransägen die starken Stämme zuschneiden. Zu diesem Zweck hievte man die groben Holzblöcke auf mehr als mannshohe Böcke, so daß ein Säger oberhalb, der andere unterhalb des Holzstückes arbeiten konnte. Manche Planken erhielten auch über offenem Feuer mittels Dampf die angestrebten Formen.

Die WASA wurde, wie damals üblich, nach einem Rohentwurf, dem sogenannten Besteck, gebaut. Dieser enthielt lediglich die annähernden technischen Daten des künftigen Schiffes sowie einige Größenangaben von seinen wichtigsten Teilen. Die meisten Einzelheiten hütete der Schiffbaumeister jedoch nach alter Tradition als Familiengeheimnis — dem Auftraggeber wurde vor Baubeginn lediglich ein Modell

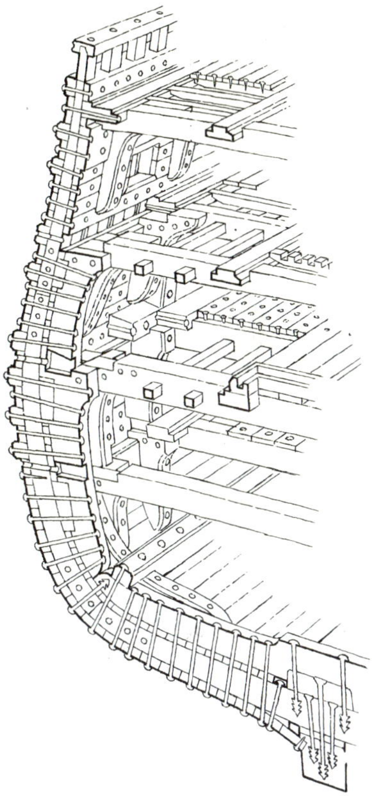

Für das Unterwasserschiff verwendete man vorwiegend Nägel und Bolzen aus Bronze oder Messing, da Eisenverbindungen durch das Zusammenwirken der Gerbsäure des Eichenholzes mit Seewasser besonders schnell rosteten.

vorgeführt. Die ökonomische Krise auf Skeppsholmen wirkte sich zwar hemmend auf das allgemeine Werftgeschehen aus, die Arbeit an der WASA verlief jedoch auf ständiges Drängen des Reichsrates relativ planmäßig.

Als man die Bordwände hoch genug hatte, der Rumpf also schwimmfähig war, wurde das Teilschiff mit dem Bug voran vom Stapel gelassen.[17] Danach ging die Fertigstellung immer zügiger voran, so daß das Regalschiff im Frühjahr 1628 zur Auftakelung und Bestückung aus dem Schiffshof des Königs entlassen werden konnte.

Die Flotte am Anfang des 17. Jahrhunderts

»Außer von Gott hängt das Wohl des Reiches von seiner Flotte ab.«

Gustav II. Adolf im Jahre 1620 vor den Ständen des schwedischen Reiches.

Zu Beginn der Segelschiffzeit gab es zwischen Handels- und Kriegsfahrzeugen keine Trennung. Bereits seit dem 15. Jahrhundert führten die Schiffe wegen der Piraten Geschütze mit. Bei kriegerischen Auseinandersetzungen vereinigte man diese bewaffneten Kauffahrer zu einer zeitweiligen Flotte. Segelkriegsschiffe im eigentlichen Sinn setzten sich erst Anfang des 17. Jahrhunderts durch — es entstanden reguläre Kriegsflotten. Die Schiffe wurden in dieser Etappe der Seefahrtsgeschichte nur grob in Klassen unterteilt. Die wichtigsten Unterscheidungsmerkmale waren Tonnage und Mannschaftsstärke. In der schwedischen Flotte verwandte man zur Klassifizierung die Gewichtseinheit läst.[18] Vier Fahrzeugtypen bestimmten das Gesicht der Flotte:

1. Das Regalschiff mit 400 bis 500 läst und einer Besatzung von 100 bis 130 Mann
2. Das Kriegsschiff mit 120 bis 200 läst und 50 bis 60 Mann Besatzung
3. Das kleine Schiff mit 100 bis 150 läst und 35 bis 40 Seeleuten
4. Die Pinasse mit 60 bis 80 läst und 20 bis 30 Besatzungsmitgliedern

Alle Schiffe waren in der Regel einheitlich getakelt: drei Masten, am Fockmast und am Großmast auf jeden Fall Rahsegel, am Besanmast Lateinersegel.

Die Segelleistungen der einzelnen Schiffe waren damals recht unterschiedlich. Daher existierten auch keine umfassenden taktischen Segel- und Gefechtsbestimmungen. In Schweden wurden die ersten Ansätze dazu 1565 gemacht; man legte fest, daß die taktische Grundeinheit — ein aus drei Schiffen bestehender Verband — so lange wie möglich in Formation zu segeln hatte. 1570 erfuhren diese Bestimmungen durch eine Reihe von Zeichen und Signalen eine wertvolle Ergänzung. Nunmehr war es möglich, die Schiffe bei Nachtfahrten oder schlechtem Wetter besser im Verband zusammenzuhalten.

Als Gustav II. Adolf mit dem Ausbau seiner Flotte begann, erließ er neue taktische Richtlinien. So legten zum Beispiel die Seekriegsartikel von 1623 die Formation fest, »in welcher die Schiffsflotte segeln solle, wenn sie in See sticht«. Der schwedische König erprobte die neue Geschwaderordnung persönlich, als er eine Expedition gegen Polen befehligte. Der gesamte Flottenverband von 21 Schiffen wurde in vier Geschwader eingeteilt. In der Linie das erste mit sechs Schiffen, während die übrigen Geschwader aus fünf Schiffen bestanden. Jedes Geschwader war im Dreieck formiert und wurde vom Flaggschiff angeführt. Weiterhin gab es Vorschriften für Wendemanöver, für die

Die WASA am Ausrüstungskai vor dem Königsschloß.

Lichterführung und für das Vorgehen gegen feindliche Schiffe.

Das Signalsystem war zur damaligen Zeit äußerst primitiv. Befehle wurden durch blinde Schüsse, Einholen oder Entfalten bestimmter Segel, Hissen oder Streichen der Flaggen in festgelegter Reihenfolge übermittelt.

Eine von Admiral Klas Fleming 1628 erlassene Order verdeutlicht recht anschaulich das Leben an Bord eines Kriegsschiffes. Abgesehen von taktischen Instruktionen enthielt sie zahlreiche Regeln über die Pflichten auf See und in einem Gefecht. Der Kapitän und die Leutnants waren angehalten, sich regelmäßig zu überzeugen, daß die Geschütze ordnungsgemäß aufgestellt waren und die notwendige Ausrüstung (zum Beispiel Ladeschaufel, Setzer, Wischer, Richtspaken, Raumnadel, Handbohrer, Bürste, Luntenstöcke) griffbereit lag. Auch sollten rechtzeitig fähige Richtkanoniere bestimmt werden, die das Feuer einer gewissen Anzahl von Geschützen zu leiten und diese »zu betreuen, zu laden und abzufeuern« hatten. Zur Gefechtsbereitschaft gehörten ferner pro Geschütz 10 bis 12 mit Pulver gefüllte Kardusen sowie Kanonenkugeln verschiedener Art.

Unmittelbar vor dem Gefecht hatte die Mannschaft das Innere des Schiffes sorgfältig zu waschen und die Decks feucht zu halten (über das besonders gefährdete obere Deck wurden einige Dutzend Eimer Wasser gegossen, nachdem die Speigatts dichtgemacht worden waren). Ein Gefäß mit Wasser zum Kühlen hatte zwischen jedem Geschützpaar zu stehen. Auch die Segel sollten angefeuchtet werden. Auf jedem Schiff mußten in Salzwasser aufbewahrte Häute griffbereit vorhanden sein. Die Häute wurden über die eingeschlagenen feindlichen Brandgeschosse geworfen, um so einen Feuerausbruch zu verhindern. Weiterhin bestimmte die Order, daß die Zugänge zu den Schiffslängsseiten frei passierbar sein mußten, die Schiffszimmermänner Bleiplatten, Nägel und Pflöcke bereitzuhalten hatten und eventuelle Lecks mit Werg und geteerten Stoffresten abzudichten waren. Zu diesem Zweck sollten auch die Säcke mit den Graupen »nicht im Lagerraum stehen, da sie zum Verschließen von Lecks recht brauchbar wären.«

Der Dienst an Bord eines Kriegssschiffes war hart und unbarmherzig. Offene Befehlsverweigerung wurde mit Kielholen und im Wiederholungsfall mit dem Tod durch Erschießen geahndet. Äußerte sich ein Seemann mißfällig über die Verpflegung, wurde er 10 Tage bei Trockenbrot und Wasser in Ketten gelegt. Andere Formen der Bestrafung waren Spießrutenlaufen, Auspeitschen und in gewissen Fällen Verstümmelungen. Die Mannschaft wohnte auf den Batteriedecks. Hängematten gab es damals noch nicht, sie wurden auf schwedischen Kriegsschiffen erst 1676 eingeführt. Auch Matratzen und Decken wurden nicht gestellt. Man schlief in Arbeitskleidung, die zur Zeit der WASA aus Jacke und Kniehosen aus einfachem blauem oder grauem Wollstoff bestand. Die Kleidung mußten sich die Matrosen aus dem ihnen zugeteilten Material selbst schneidern. Da die Schiffsräume nicht beheizbar waren, es auch keine besondere Kleidung für die kälteren Frühjahrs- und Herbstmonate (während des Winters blieben die Schiffe abgetakelt in ihren Heimathäfen) gab, war der Gesundheitszustand der Matrosen im allgemeinen schlecht, zumal die einseitige Ernährung nicht gerade dazu beitrug, das Wohlbefinden zu fördern.

Die Verpflegung bestand hauptsächlich aus gepökeltem oder gedörrtem Fisch und Fleisch, aus Speck, Graupen, Mehl, Butter, hartem Brot und Bier. Gustav II. Adolf bestimmte 1628, daß die Flotte mit letzterem reichlich zu versorgen sei, »auf daß die Mannschaften ihren notdürftigen Unterhalt hätten und nicht gezwungen wären, das salzige Wasser zu trinken, welches die Ursache sei, daß so viele in den vergangenen Jahren von Krankheit und Tod heimgesucht worden wären, Seiner Majestät dem König und dem Reich zu unermeßlichem Schaden und denkwürdiger Sorge.«

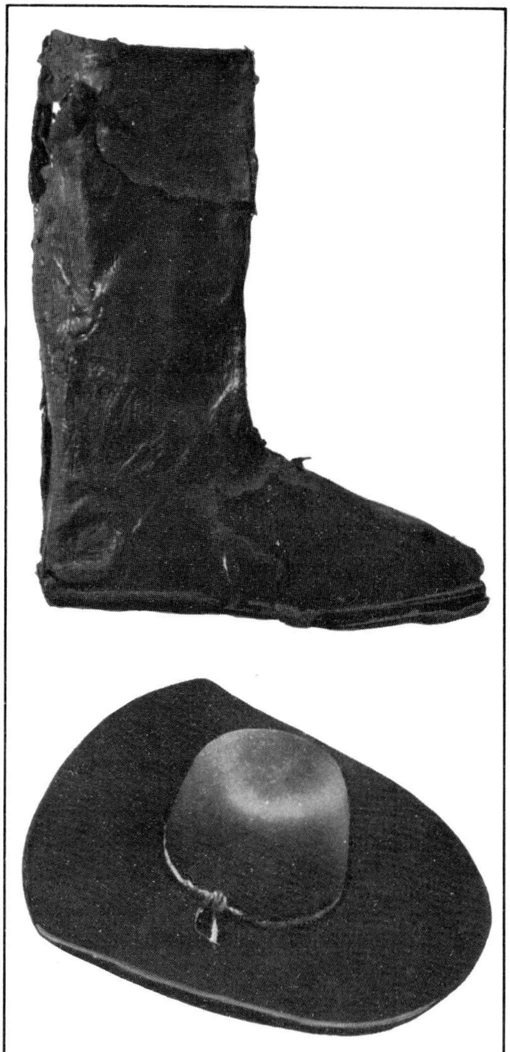

Die von den schwedischen Seeleuten im 17. Jahrhundert getragene Kleidung unterschied sich nicht von der der Landbevölkerung. Bei den Aufräumungsarbeiten im Schiffsrumpf wurden Reste von Filzhüten, von Jacken und Hosen (aus grobem Wollstoff) sowie Lederteile von Schleifenschuhen, Stiefeln und Handschuhen gefunden.

Äußerst unzureichend waren die hygienischen Verhältnisse und die medizinische Betreuung. An Bord gab es keine ausgebildeten Ärzte, ihre Aufgabe nahmen die Schiffsbarbiere wahr, die oftmals von der Heilkunde wenig verstanden. Ein im August 1628 datierter Brief Gustav II. Adolfs an seinen Halbbruder, den Reichsadmiral Carl Carlsson Gyllenhjelm (der mit fünf Schiffen vor Danzig lag und sich wegen einer unter den Seeleuten um sich greifenden Krankheit um Rat an den König wandte), gibt über die damaligen Behandlungsmethoden Auskunft: »Da die Krankheit so schlimm unter den Mannschaften wütet, sind die am ärgsten betroffenen Schiffe zu leeren und zu reinigen, ihre Kielräume auszupumpen, die Schiffswände auszuräuchern, zu schwärzen und zu teeren, auf daß die Ansteckungsgefahr gebannt werden kann.«

Erst 1654 wurde eine Bestimmung erlassen, die besagte, daß auf den größeren Kriegsschiffen ein ausgebildeter Arzt und ein Apotheker mitfahren mußten.

Obwohl in der WASA eine bescheidene Schiffsapotheke gefunden wurde, gab es – einem entsprechenden zeitgenössischen Dokument zufolge – keinen Mediziner an Bord. Aus dem Mannschaftsverzeichnis ging hervor, daß für den Dienst auf der WASA dem Kapitän je zwei Leutnants, Steuer- und Bootsmänner, je vier Unteroffiziere und Quartiermeister, 90 Matrosen[19], 20 Kanoniere und ein Hauptsegelmeister, ein Segelmeister, ein Hochbootsmann, ein Hochbootsmannsmaat, ein Proviantmeister, ein Koch, ein Geschützmeister und ein Vertreter der Justiz als künftiger Gefangenenaufseher unterstellt werden sollten. Zu diesen

133 Mann kamen noch einige Schiffszimmerleute, so daß die gesamte Besatzung kaum 150 Mann betragen haben dürfte.

Während die beiden Leutnants dem Kapitän unmittelbar zur Seite standen, zählten Steuermänner, Segelmeister und der Geschützmeister zu den Decksoffizieren. Als Steuermänner[20] wurden nur erfahrene Seeleute verpflichtet. Sie waren für die Navigation zuständig. Für die Ausführung der Schiffsmanöver zeichneten die Segelmeister verantwortlich. Ihnen waren die Hochbootsmänner, die wiederum die Matrosen befehligten, unterstellt. Der Geschützmeister schließlich hatte die Oberaufsicht über alle an Bord befindlichen Kanonen.

Rein zahlenmäßig überstieg die WASA-Besatzung die anderer Regalschiffe jener Zeit. Eine Ausnahme bildete lediglich die 33 Jahre später in Dienst gestellte RIKSÄPPLET (REICHSAPFEL), das größte Schiff der damaligen schwedischen Kriegsflotte, die 167 Seeleute hatte (sie ging 1676 während eines Sturmes vor Dalarö unter).

Die Besatzung der WASA ist uns bis auf einige Ausnahmen namentlich nicht bekannt. Aus historischen Dokumenten geht hervor, daß der Kapitän Söfring Hansson, einer der beiden Leutnants Petter Gierdsson, der Segelmeister Jöran Matsson, der Hochbootsmann Per Bertilsson und der Geschützmeister Joen Larsson hießen.

Andere Dokumente geben Aufschluß über die militärische Besatzung der WASA: 300 Soldaten. Allerdings ist unklar, ob es sich um ein zu transportierendes oder um ein festes Truppenkontingent handelte. Fest steht lediglich, daß die Soldaten erst in Älvsnabben — dem Marinestützpunkt vor Stockholm — eingeschifft werden sollten.

Die Schiffsoffiziere waren an Bord zwar getrennt von den Mannschaften untergebracht, doch »komfortabel« schienen damals nur die Admirals- bzw. Kapitänskajüten ausgestattet gewesen zu sein. Die Standesunterschiede sind heute noch deutlich erkennbar, wenn man die einfachen Gebrauchsgegenstände aus Holz und Ton, mit denen sich die Matrosen begnügen mußten, mit den Zinngeräten vergleicht, die man im Achterschiff der WASA fand, dort, wo die Offiziere wohnten. Aus Zinn hergestellte Schüsseln, Teller und Krüge waren in jener Zeit relativ teuer und gehörten deshalb standesgemäß zum Tischgeschirr — ein Ersatz für das noch teurere Tafelsilber. Das Eßgerät der gewöhnlichen Matrosen bestand aus einer kleinen Tonschale mit Griff, einer sogenannten Trinkschale, einem Holzlöffel und einem Holzteller. Auch wurden viele rotgebrannte, bleiglasierte Keramikgefäße gefunden. Diese billigen Tongefäße wurden damals zum Kochen, zum Aufbewahren von Lebensmitteln und als Geschirr benutzt.

In der Regel war die Mannschaft in Backschaften (Tischgemeinschaften) eingeteilt. Sie erhielten das Essen in einem großen Topf zugeteilt, aus dem gemeinsam gespeist wurde. Auf dem Orlopdeck, unmittelbar vor dem Großmast, befand sich der rechteckige Kochplatz. Boden, vordere und achterne Wand waren aus Ziegelsteinen gemauert. Seitenwände gab es nicht. An einer Eisenstange, die in der Mitte beider Wände eingelassen war, hing während der Speisenzubereitung über offenem Feuer ein 180 Liter fassender Kessel. Oben wurde die Kombüse durch ins untere Batteriedeck eingelassene Grätings abgeschlossen — ein Kamin war damals noch nicht üblich.

Der Kielraum diente zur Aufnahme des Ballastes von 130 Tonnen Feldsteinen. In der Kühle des unteren Schiffsraumes wurde desweiteren das in Fässern bevor-

Der Tisch des Kapitäns ist unter anderem mit einer Zinnflasche, einem achtkantigen Weinglas, einem Fajanceteller und einer bronzenen Glutpfanne zum Warmhalten von Speisen gedeckt.

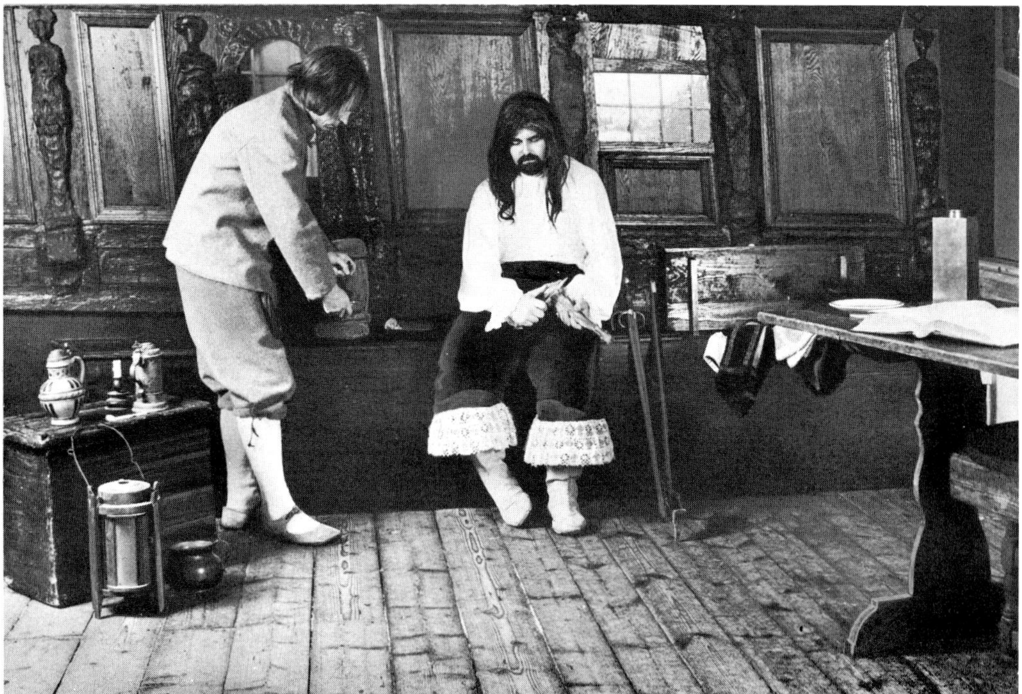

Blick in die rekonstruierte Königs- beziehungsweise Admiralskajüte: Zum Frühstück gibt es getrocknetes Fleisch und eine Kanne Bier.

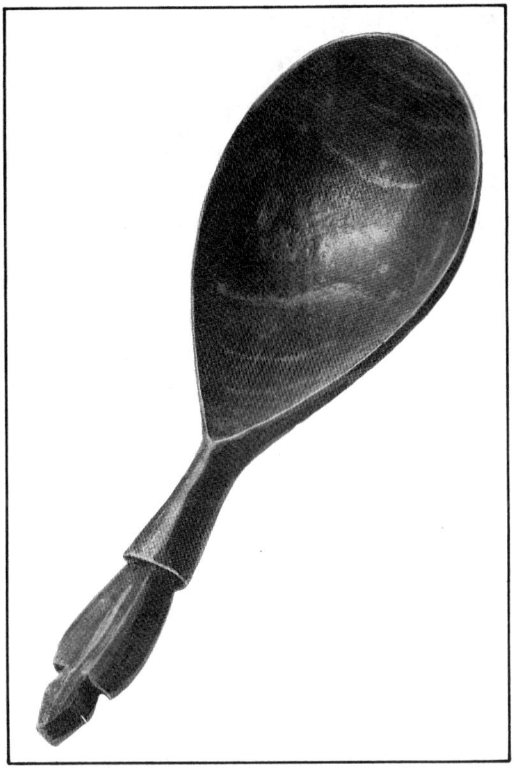

Zu den vielen Steingutfunden gehört auch eine lasierte Hängeflasche.

Der einfache Seemann benutzte kleine Holzlöffel und Kochkessel.

Trinkschale

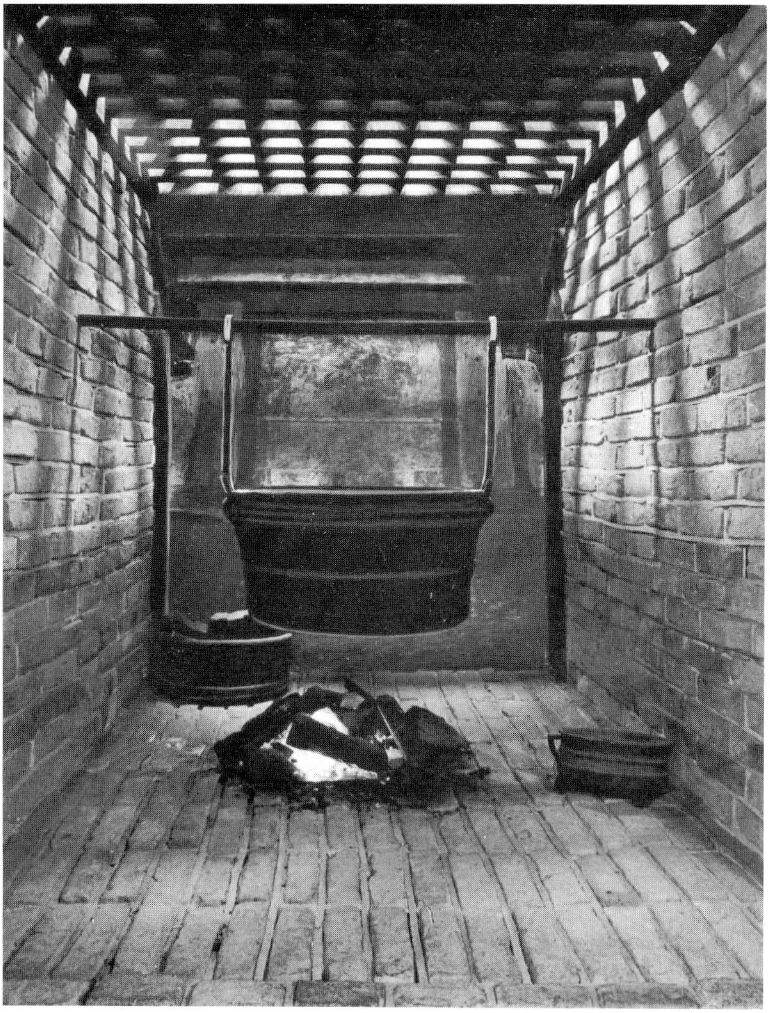

In der Kombüse, einer offenen Feuerstelle, kochte man für die Mannschaft der Kriegsschiffe nur bei relativ ruhiger See. Schlug das Wetter um, mußte wegen der Brandgefahr das Feuer gelöscht werden. An stürmischen Tagen gab es Kaltverpflegung.

ratete Pökelgut gelagert. Außerdem waren hier die Pulverfässer am sichersten aufgehoben. Im übrigen verstaute man auf dem Trossdeck die Hauptvorräte: Mehl, Brot, Graupen, Tauwerk, Segel, Bauholz, Blöcke und Ruder als Reserve. Darüber lagen das untere und das obere Batteriedeck. Hier war die Hauptfeuerkraft der WASA, die 48 Vierundzwanzigpfünder, konzentriert. Während die schwedischen Kriegsschiffe zu jener Zeit mit recht verschiedenen Geschütztypen ausgestattet waren, plante man für die WASA eine einheitlich starke Bestückung. Zeitgenössische Quellen dokumentieren, daß für das Schiff 60 neue 24pfündige Kupferstücke gegossen werden sollten. Obwohl nur 48 dieser Kanonen an Bord kamen, war die WASA dennoch äußerst stark bewaffnet, zumal außerdem noch acht Dreipfünder und zwei Einpfünder sowie ein 16pfündiger, zwei 62(?)pfündige und drei 35pfündige Mörser zur Armierung gehörten. Die aus Bronze gegossenen Geschütze wogen zusammen 63,7 Tonnen und hatten einen Kupfergehalt von 92 Prozent.

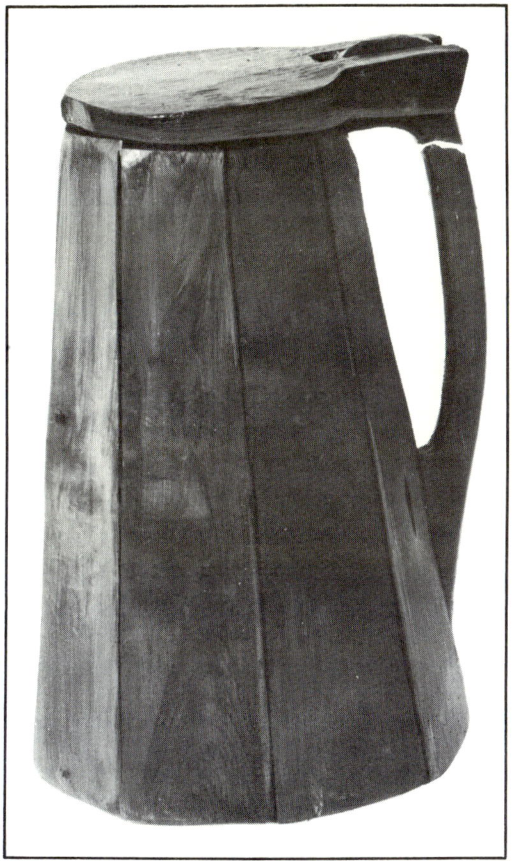

Aus solch einfacher hölzerner Bierkanne tranken die Matrosen. Das Flottenbier wurde damals in drei Stärken gebraut: »Masters«-Bier für Admirale und Kapitäne, »Bailiffs«-Bier für alle übrigen Offiziere und das bedeutend dünnere »Maaten«- oder Tafelbier für die Mannschaft. Die schwedische Flotte benötigte zu jener Zeit jährlich etwa 550 000 Liter Bier (ein Bootsmann hatte beispielsweise pro Seetag einen Anspruch auf sechs Liter Bier). Wein und Branntwein nahmen eine untergeordnete Stellung ein. Wein dürfte überwiegend für die Offiziere, Branntwein dagegen als Sonderzuteilung für die Mannschaft bestimmt gewesen sein.

Zu jedem der 1,5 Tonnen schweren Vierundzwanzigpfünder gehörten sieben Mann Bedienung. Die Geschütze standen in den Stückpforten auf vierrädrigen Lafetten, die mit starkem Tauwerk (Brooktau) fest verzurrt waren.

Das Laden und Abfeuern des Geschützes erforderte wegen des komplizierten Vorganges eine eingespielte Mannschaft. Als erstes wurde mit der Ladeschaufel (mit kupfernem Vorderteil, um Funkenbildung zu vermeiden) die Pulverkartusche, ein zugenähter Leinwandbeutel mit der abgemessenen Pulverladung, in das Rohr eingeführt. Darauf setzte man die Kugel und einen Propfen (Holz, Werg und Tau) und stieß alles zusammen mit dem Setzer fest. Nun stach der Geschützführer mit der Rammnadel durch das Zündloch die Pulverkartusche auf und schüttete das leicht entzündliche Feinpulver auf die Pfanne. Mit dem Luntenstock, um den die brennende Lunte gewickelt war, entzündete der Geschützführer das Pulver, die Ladung explodierte, die Kugel wurde aus dem Lauf geschleudert. Anschließend entfernte man mit dem Kratzer glimmende

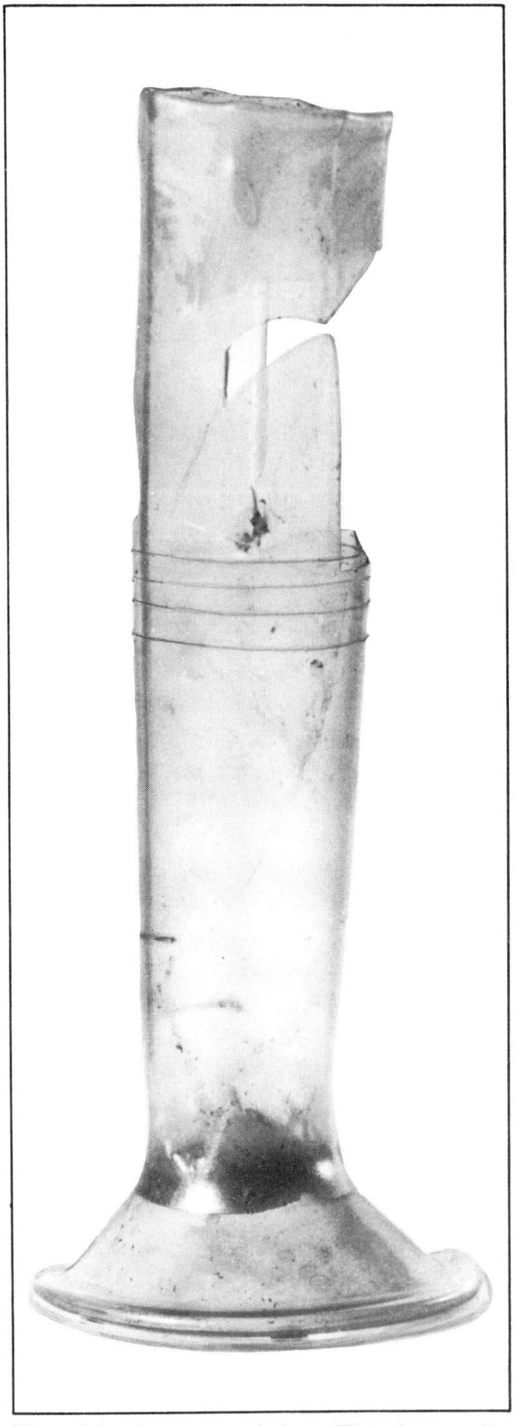

Mit achtkantigen grüngefärbten Weingläsern, die horizontal verlaufende, eingelassene feine Drähte haben, prosteten sich die Offiziere zu (Höhe 21,5 Zentimeter, Durchmesser 7 Zentimeter).

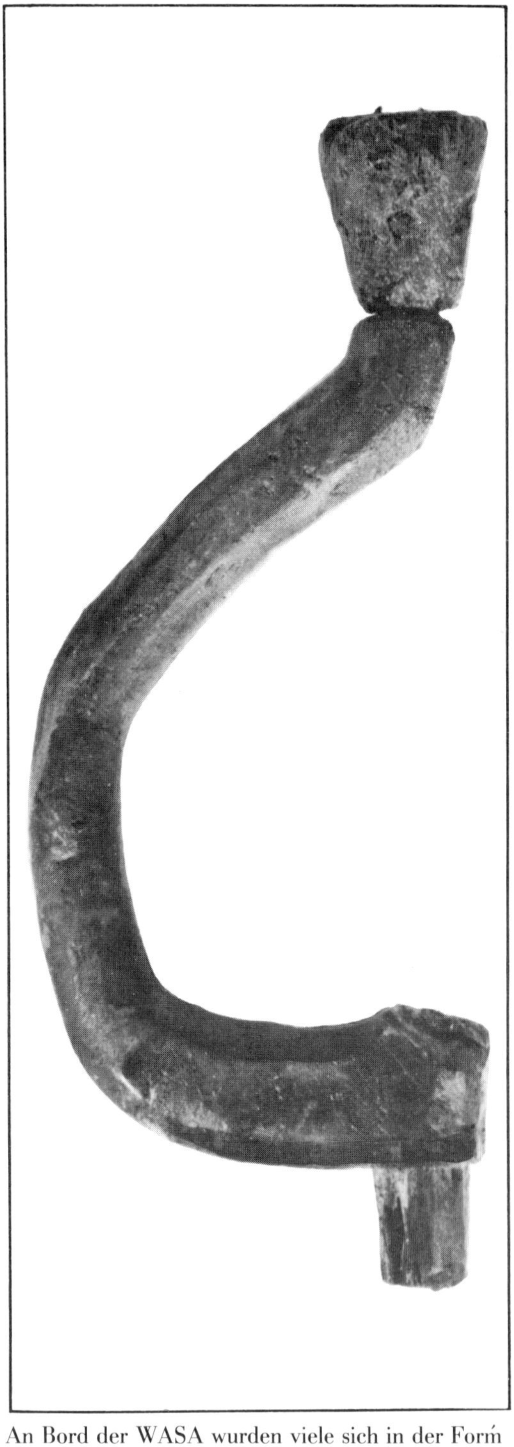

An Bord der WASA wurden viele sich in der Form unterscheidende Holzbearbeitungsgeräte gefunden. Nur die Holzteile der Werkzeuge haben die 333 Jahre auf dem Meeresboden überlebt.

Zu den wenigen bronzenen Einrichtungsgegenständen in den Offizierskajüten zählte der oben rechts abgebildete Leuchter. Links daneben ein Hobel.

Dieser lasierte Fajanceteller (Durchmesser 19,5 Zentimeter), der einzige Luxusfund dieser Art – ist vermutlich aus Holland importiert worden und gehörte wahrscheinlich einem Offizier.

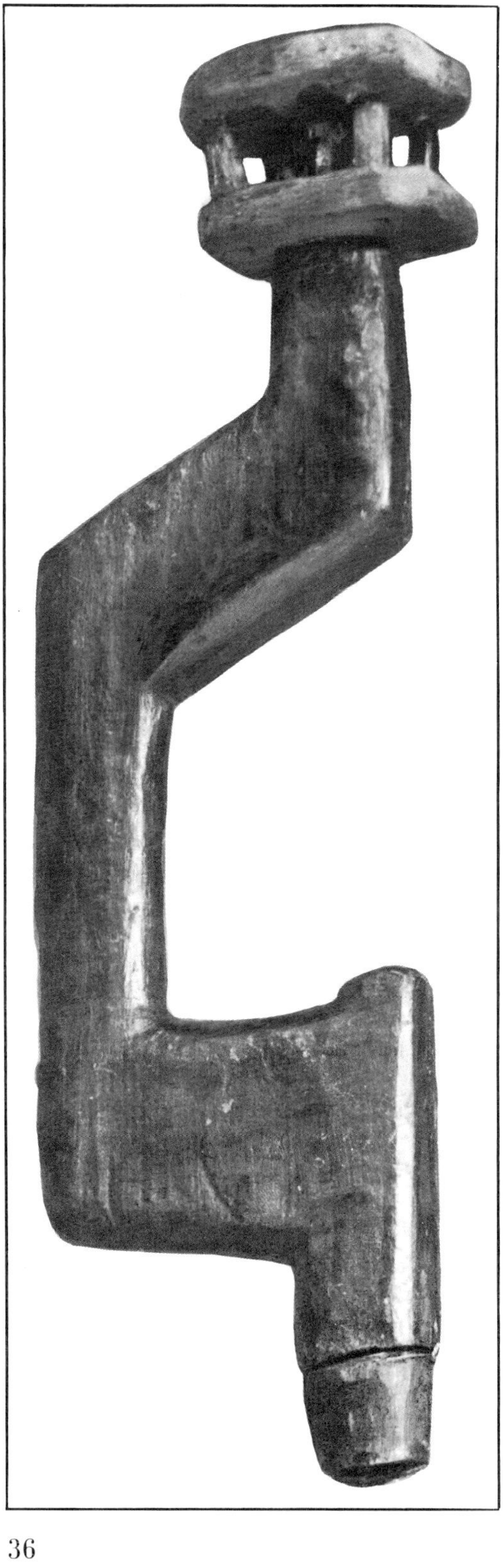

Oben und links: Brustleiern.

Reste der Kartusche aus dem Rohr, säuberte es mit der Bürste grob und danach mit dem Wischer gründlich, und die Kanone konnte erneut geladen werden. Eine geübte Bedienungsmannschaft konnte in wenigen Minuten ihr Geschütz reinigen, laden und abfeuern. Um die Überhitzung des Rohres zu vermeiden, wurden zehn Schuß pro Stunde für einen Vierundzwanzigpfünder als angebrachte Feuergeschwindigkeit angesehen.

Die Richtspaken dienten sowohl dazu, die Lafette seitlich zu verschieben, als auch das hintere Rohrende anzuheben, wenn man den Richtkeil verschieben wollte, um die Höhe des Schusses zu verändern. Bei dem ständigen Stampfen des Schiffes war es recht schwierig, den richtigen Zeitpunkt des Abfeuerns abzupassen. Bei den Vierundzwanzigpfündern (damalige Reichweite maximal etwa 1 500 Meter) fielen Richt- und Treffpunkt bei 600 bis 700 Metern zusammen. Bei dieser Entfernung konnte eine 24pfündige Rundkugel eine Eichenbohle von 80 Zentimetern durchschlagen. Die Bordwände hatten damals eine Stärke von 40 bis 50 Zentimetern. Das bedeutet, daß eine Kugel im günstigsten Fall quer durch ein Schiff hindurchgehen konnte. Bei geringerem oder weiterem Abstand mußte die Kanone anders ausgerichtet werden. Das Zielen war in diesen Fällen eine äußerst komplizierte Angelegenheit, da die Entfernung nur geschätzt werden konnte und die Qualität von Geschützrohren, Munition und Pulver recht unterschiedlich war. Die Kanoniere zogen deshalb eine Schußweite von 200 oder weniger Metern vor. Bei solchem Gefechtsabstand war die Durchschlagskraft der Rundkugeln — die gegen den feindlichen Schiffsrumpf geschleudert wurden — am günstigsten. Als besonders wirkungsvoll erwiesen sich die sogenannten Grundtreffer in der Wasserlinie.

Gegen die Takelage verwendete man Ketten- oder Stangenkugeln. War die Takelage erst einmal beschädigt, konnte man das Schiff nicht mehr richtig manövrieren. Zur Demoralisierung der gegnerischen Mannschaft, die sich auf dem oberen Deck aufhielt, wurden Kartätschen (auf einem Holzständer mit Tauen befestigte Musketenkugeln) mit ihrer breiten Streuwirkung eingesetzt. Außerdem benutzte man Brandgeschosse (Feuerkränze), um feindliche Schiffe in Brand zu schießen. Alle diese Munitionsarten waren in der WASA anzutreffen.

Da die Schlußphase des Artillerieduells oft das Entern war, hätte es eigentlich auf der WASA auch Enterbeile und -haken geben müssen. Man fand zwar sechs mit Musketenkugeln gefüllte Fässer, jedoch nur Überreste einer geringen Anzahl von Musketen und einen Degen (letztere gehörten vermutlich den Offizieren). — Ein weiterer Beweis dafür, daß sich beim Untergang des Schiffes noch keine Soldaten an Bord befanden (zu ihrer Ausrüstung gehörten damals Enterbeile bzw. Enterhaken).

Im Frühjahr 1628 verholte man die WASA von der Marinewerft auf Blasieholmen an die Rampe des Königsschlosses. Hier wurde der Ballast verstaut, die Masten eingesetzt und das Schiff getakelt. Im Juli lag die WASA unter dem Kanonenkran vertäut, um Schiffsgeschütze und Munition aus dem königlichen Arsenal zu übernehmen. Das Magazin grenzte damals, ebenso wie der Geschoßturm und die Kanonenkugelgießerei, an das Schloß an. Schließlich wurde der Proviant an Bord gebracht, die letzten Handgriffe für das bevorstehende Auslaufen gemacht — Anfang August war die WASA seeklar.

Mit einem anderen Regalschiff sollte sie ein Hilfsgeschwader auf dem vorgeschobenen Stützpunkt Älvsnabben im südlichen

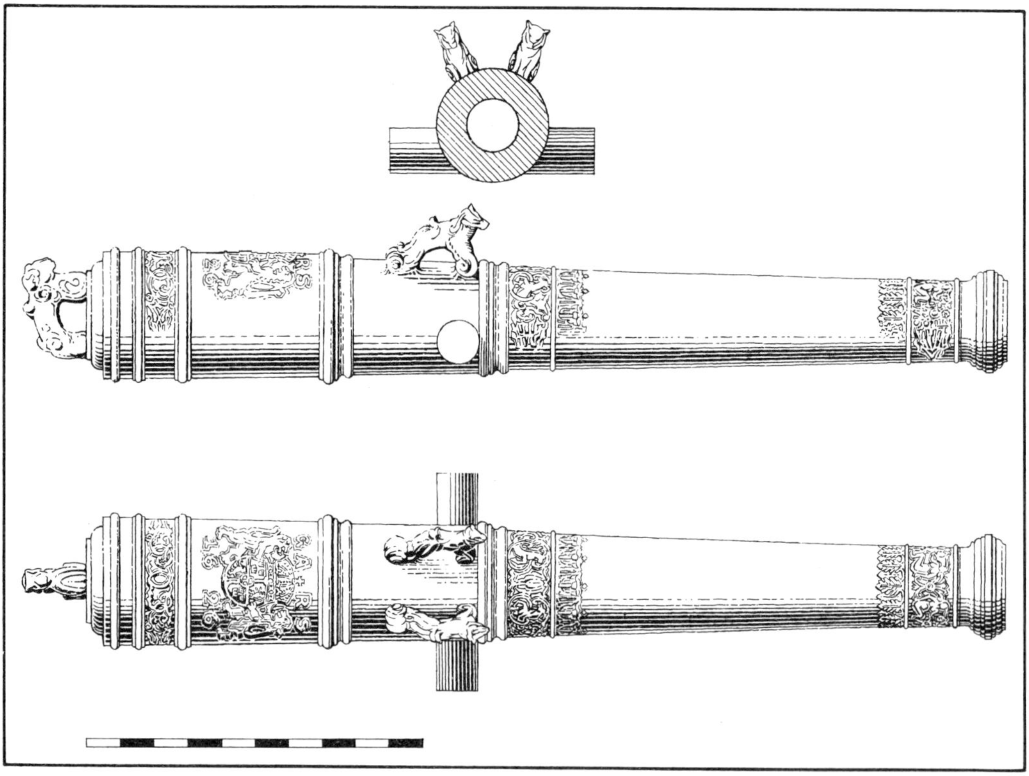

Die Bronzestücke der WASA wurden in der Stockholmer Büchsengießerei, nahe dem jetzigen Brunkebergstorg, gegossen. Die endgültige Bohrung geschah in dem zur Admiralität gehörenden »Bohrwerk« — einer Wassermühle, die vom Nordstrom betrieben wurde. Im Gegensatz zu den reich verzierten ausländischen Geschützen der gleichen Herstellungszeit sind die in Stockholm gegossenen Rohre recht sparsam dekoriert: Das Wappensymbol der WASA-Dynastie (die Getreidegarbe) erscheint nur stilisiert rund um das »lange Feld« — auf dem »Bodenfeld« befinden sich das schwedische Reichswappen, die Buchstaben GARS (Gustavus Adolphus Rex Sueciae) und die Jahreszahl 1626. ▬ = 1 Meter

Schärengebiet Stockholms verstärken. Diese Einheit war strategisch notwendig, da die übrigen 34 im Ostseeraum operierenden schwedischen Kriegsschiffe Blokkade- und Gefechtsaufgaben durchführen mußten. Der Fertigstellungstermin der WASA war im Mobilisierungsbefehl für die Flotte im Jahre 1628 berücksichtigt worden. Während Reichsadmiral Gyllenhjelm Anfang April mit einem großen, acht mittelgroßen und einigen kleineren Schiffen nach Pillau und Danzig fuhr (dort traf er am 12. April ein), um die westliche Zufahrt Danzigs zu sperren, segelte Anfang Mai ein Geschwader aus fünf großen und sechs mittelgroßen Schiffen sowie einem kleineren Fahrzeug unter Befehl des Admirals Klas Fleming und in Begleitung Gustav II. Adolfs den östlichen Seeweg nach Pillau (Ankunft 13. Mai). Sobald Fleming seine Truppen an Land gesetzt hatte, vereinigte er sich mit Gyllenhjelms Flotte vor Danzig. Fleming widmete sich dann vor allem dem Transport von Truppenverstärkungen für Stralsund. In jenen Tagen erließ der schwedische König die für die WASA so wichtige Order, in der es hieß, daß sie in Älvsnabben bereitliegen solle, »...so daß zur Zeit und Stunde, die uns beliebt, zu Segel gehen zu können nach dem Orte, den wir da bestimmen und verlautbaren können...«

Die WASA und ihr Untergang

»Es geschieht mitunter, daß große Schiffe infolge von heftigen Stürmen verlorengehen oder gar im sicheren Hafen, wenn das Wasser ruhig ist, durch eine Unvorsichtigkeit zugrunde gehen. Die Möglichkeit, gesunkene Kriegsschiffe zu bergen ist sehr klein, da sie mit Büchsen aus Kupfer und Eisen sowie mit Steinkugeln belastet sind.«

Olaus Magnus, Erzbischof von Uppsala; 1490–1557.

Am Sonntag, dem 10. August, herrschte die vor einem Auslaufen übliche Betriebsamkeit auf der WASA: Alles wurde seegemäß verzurrt. Die Nachricht von der unmittelbar bevorstehenden Abreise des Flaggschiffes breitete sich in Stockholm wie ein Lauffeuer aus. Es besteht kein Zweifel, daß ein Großteil der 10 000 Einwohner zum Hafen eilte, um sich das Ablegen der WASA nicht entgehen zu lassen – zumal strahlender Sonnenschein direkt zu einem Hafenbummel aufforderte. Vielleicht rechnete man auch damit, einige bekannte Persönlichkeiten zu Gesicht zu bekommen. Immerhin würden der Befehlshaber des Bereitschaftsgeschwaders, Generalfeldzeugmeister Erik Jönsson Kremer sowie der legendäre Kapitän Jonsson, der mehr als dreißig Jahre auf verschiedenen Kriegsschiffen kommandierte und später noch lange Zeit die Flottenstation auf Skeppsholmen leitete, und andere Honoratioren der Stadt als Passagiere die erste Fahrt der WASA bis Vaxholm miterleben. Auch einige Seemannsfrauen mit ihren Kindern gingen an Bord, um ihre Männer gemäß der damaligen königlichen Order zu begleiten: »...wenn jemand seine Frau bei sich haben möchte, steht ihm dies frei während der Fahrt in Stroemmen[21] oder draußen im inneren Schärengürtel, nicht dagegen beim Auslaufen zu einer Kriegsfahrt...« Die genaue Zahl der damals mitgefahrenen Personen ist nicht bekannt, aber es dürften etwa 250 gewesen sein.

Kurz vor 16 Uhr befahl Kapitän Söfring Hansson, die Leinen loszuwerfen. Langsam wurde die WASA von ihrem Liegeplatz vom Kai am Lodgården unterhalb des Schlosses freigeholt. So ein herrliches Schiff hatten die Zuschauer noch nicht gesehen: Die Skulpturen an den Bordwänden und am Achterkastell leuchteten golden und rot, der mächtige Löwe am Bug schien Feuer zu speien; und erst die drohenden Kanonen – wahrlich, die WASA war sehenswert! Der Feind sollte beim Anblick des Kriegsschiffes, das durch Prunk und seine für damalige Zeiten enorme Größe und Bestückung die Macht Schwedens auf den Meeren verkörperte, vor Furcht erschauern.

Abgesehen von einer leichten südwestlichen Brise war es windstill, als die WASA längs Skeppsborn bis in Höhe der sogenannten Tranbodar (Transchuppen) beim Stadsgården (heute etwa jenseits der Saltsjöbanans-Station) gewarpt wurde. Von hier aus sollte mit eigener Kraft die Fahrt fortgesetzt werden. Um das Abfallen der WASA auf östlichen Kurs zu erleichtern, hatte Kapitän Hansson vom Heck seines Schiffes eine Trosse an Land ausbringen lassen, wodurch man das Startmanöver besser ausführen konnte. Wäh-

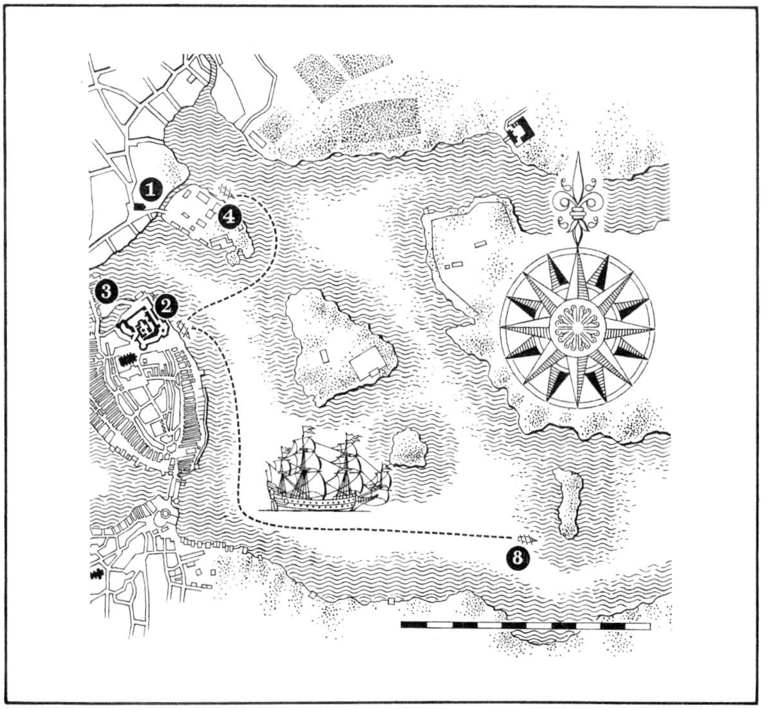

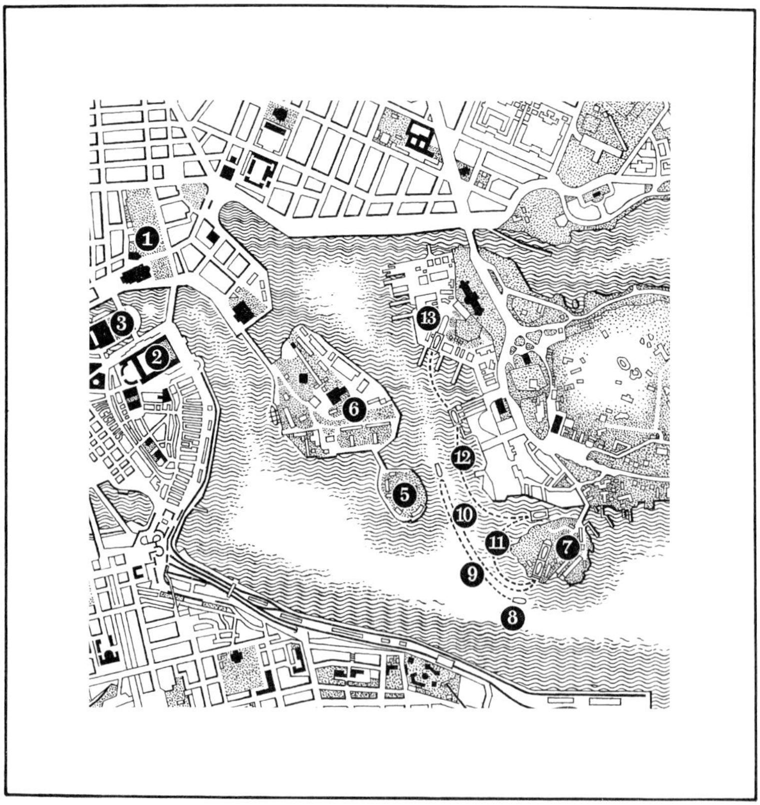

Stockholm im Jahre 1628 und heute. 1 Jacobskirche; 2 Königsschloß; 3 Helgeandsholmen; 4 »Schiffshof des Königs«; 5 Kastellholmen; 6 Skeppsholmen; 7 Beckholmen; 8 Untergangsort der WASA; 9 1959 bugsierte man das Wrack unter Wasser von 32 auf 16 Meter Tiefe; 10 1961 Hebung der WASA und Weg zum Trockendock »Gustav V.«; 11 1961 schleppte man das Regalschiff zum Nordufer Beckholmens und danach, 12 zur WASA-Werft; 13 endgültige Heimstatt der WASA im neuerbauten Museum auf dem Gelände der Galärvarvet.
▬ = 1 km.

rend die Warpanker gehievt wurden, schickte der Segelmeister die Männer in die Wanten, um die Segel zu lösen. Die Matrosen auf Deck standen unterdessen an den Schoten, Brassen und Fallen bereit. Die riesigen Marssegel am Fock- und Großmast fielen herunter, blähten sich etwas im leichten Wind. Dann wurden Fock- sowie Besansegel gesetzt und die achterne Trosse losgeworfen. Die vier Segel machten ungefähr die Hälfte der Gesamtsegelfläche von etwa 1 300 Quadratmetern aus. Die WASA glitt so langsam im Lee der Uferhöhen dahin, daß viele Schaulustige mit ihren Ruderbooten das große Schiff mühelos begleiten konnten.

Als die WASA Kastellholmen passierte, ließ Kapitän Hansson Salut (Svensk lösen) als Abschiedsgruß an die Hauptstadt und ihre Bevölkerung schießen. Eine plötzliche Bö ließ das hochragende Schiff krän-

Über 700 Skulpturen verzieren das Regalschiff. Detail eines römischen Kriegers (Fundnummer 5838).

Der aus Lindenholz von Meister Redtmer geschnitzte und anschließend vergoldete gewaltige Löwe sollte als Galionsfigur Macht und Ruhm Schwedens auf der Ostsee symbolisieren (Fundnummer 732).

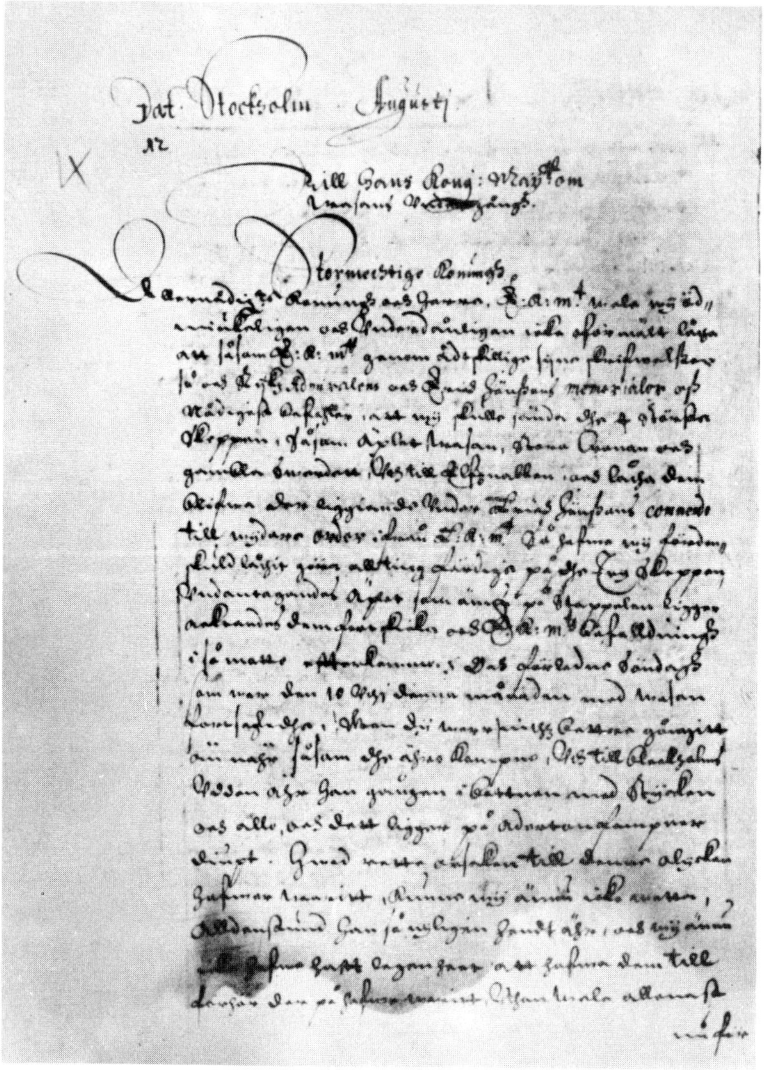

Dieser Brief des Reichsrates vom 12. August 1628 unterrichtete Gustav II. Adolf vom Untergang der WASA.

gen. Es richtete sich jedoch schnell wieder auf und setzte seine Fahrt fort, als sei dies nichts Außergewöhnliches. Aber bald drückte ein erneuter Windstoß die WASA so auf die Backbordseite, daß Wasser durch die offenen Stückpforten eindringen konnte. Die Schlagseite nahm zu, und in wenigen Minuten sank das stolze Schiff 100 Meter querab von Beckholmen »mit gesetzten Segeln, Flaggen und allem«, wie es in einem Bericht über die Tragödie hieß, den Gustav II. Adolf in seinem Feldlager erhielt.

Die Jungfernfahrt der WASA war kurz; nur etwa 1 500 Meter — kaum eine Distanzminute — legte sie zurück. Wieviele Menschen[22] bei dem Untergang ihr Leben lassen mußten, ist unbekannt. Dokumente, die über die genaue Anzahl der Opfer Auskunft geben können, sind bisher nicht gefunden worden. Die unerklärliche Katastrophe erregte enormes Aufsehen. Schwedens Bevölkerung nahm mit Bestürzung Anteil an dem tragischen Unglück. Nach allgemeiner Auffassung führten Fehler der Schiffsführung zu dem Verlust des

Eine Relingsdekoration.

Der Kopf eines der beiden Löwen (Fundnummer 5801) vom Reichswappen.

Ein »Wilder Mann« (Fundnummer 5827).

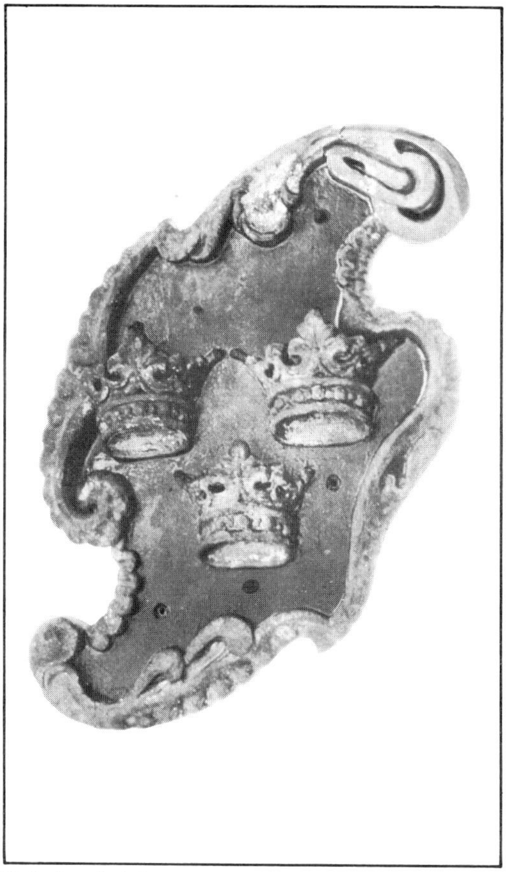

Teil des Reichswappens: Der obere, 0,57 Meter hohe Kleinschild mit den drei Kronen (Fundnummer 816).

Der Herzschild aus dem Reichswappen mit der gekrönten Getreidegarbe (Fundnummer 1306).

Der obere, 0,57 Meter hohe Schild des Reichswappens mit Löwen.

Das einst vergoldet gewesene und aus 19 Einzelteilen bestehende Reichswappen vom Heckspiegel. Der Rachen der Löwen und die Kronendecke waren ursprünglich rot. Die vier kleinen Schilde hatten einen blauen Grund, während der sogenannte Herzschild in Blau, Silber und Rot, den Farben der WASA-Dynastie, doppelt geteilt war.

Auf dem unteren Batteriedeck fanden die Archäologen unter einer Lafette das Skelett eines ertrunkenen Seemanns.

Fahrzeuges. Mit großem Interesse nahm man daher zur Kenntnis, daß der gerettete Befehlshaber, Kapitän Hansson, verhaftet und ins Schloß gebracht wurde. Dort mußte er vor dem Reichsrat Rede und Antwort stehen.

Das erste Verhör dürfte kaum zur Aufklärung der Ursachen des schrecklichen Ereignisses beigetragen haben, denn schon wenige Tage später wurde ein aus 17 Mitgliedern bestehender Untersuchungsausschuß gebildet. Den Vorsitz führte Reichsadmiral Gyllenhjelm. Ihm standen sechs Reichsräte zur ständigen

Die rot oder braun gestrichenen Stückpfortendeckel sind innen mit Löwenmaskaronen dekoriert. Dieses 0,50 Meter hohe Maskaron (hier eine Nachbildung) ist relativ häufig (Fundnummer des Originals: 22).

Beratung zur Seite. Am 5. September begann die eigentliche Verhandlung. Den Mittelpunkt aller Vernehmungen bildeten vier grundsätzliche Fragen: War das Schiff schlecht gesegelt worden? Hatte es zuwenig Ballast an Bord und lag deshalb zu leicht auf dem Wasser? Waren Ladung, Ballast und Kanonen nicht ordnungsgemäß verstaut oder befestigt gewesen? Oder war die WASA falsch konstruiert worden?

Aus den teilweise erhaltenen Abschriften der Verhandlungsprotokolle ist zu entnehmen, daß das Gericht den Beschuldigten von Anfang an in harten Verhören zusetzte. Auch gewinnt man den Eindruck, daß viele Mitglieder des Untersuchungsausschusses von den einzelnen Verantwortungsbereichen an Bord eines Schiffes von der Größe der WASA zwar wenig verstanden, aber offensichtlich schnell einen Schuldigen finden wollten.

Generalfeldzeugmeister Jönsson geriet zuerst in Bedrängnis. Obwohl er auf der WASA keine eigentliche Funktion ausgeübt hatte, galt sein Interesse – als Artillerist – vornehmlich den Geschützen. Auf Befragen konnte er dem Gericht mitteilen, daß alle Kanonen ordentlich festgezurrt und gesichert gewesen wären. Im weiteren Verlauf des Verhörs ließ er einen erheblichen Mangel an Zutrauen zu dem Schiff erkennen. Nach seiner Ansicht wäre die WASA auch gekentert, wären keine Segel gesetzt worden, denn »das Schiff war oben schwerer als unten.« Der Vorsitzende verwies in diesem Zusammenhang auf die Aussage des Schiffbauers, der behauptete, daß er bei rechtzeitiger Benachrichtigung über die Topplastigkeit der WASA das Schiff einen weiteren Fuß tief mit Ballast beladen hätte. Jönsson wollte daraufhin wissen, wie man sich das vorstelle, da die Stückpforten sowieso nur vier Fuß (etwa 1,20 Meter) über der Was-

Stückpfortendeckel mit anderem Maskaron: Höhe des Deckels 0,81 Meter, Höhe des Maskarons 0,47 Meter (Fundnummer 147/149).

Stückpfortendeckel mit weiterem Maskaron: Höhe des Deckels 0,82 Meter, Höhe des Maskarons 0,66 Meter.

seroberfläche lagen und die WASA noch nicht einmal voll ausgerüstet und bemannt gewesen wäre.

Als nächster stand Leutnant Petter Gierdsson vor den Schranken des Gerichts. Er wurde beschuldigt, den zuständigen Behörden nicht gemeldet zu haben, daß die WASA topplastig gewesen sei. Gierdsson wies die Vorwürfe entschieden zurück, indem er geltend machte, daß er

Das WASA-Grab auf dem Friedhof der historischen Galärvarvet – die Überreste von zwölf Mannschaftsangehörigen der WASA wurden hier 1963 beigesetzt.

lediglich für die Takelage zuständig gewesen sei und noch nicht einmal gewußt habe, welche Art Ballast an Bord genommen worden war. In seiner weiteren Aussage ging er auf den Tiefgang des Schiffes ein: Am Heck sechzehn Fuß (etwa 4,90 Meter), am Bug vierzehn Fuß (etwa 4,30 Meter) – für die Größe der WASA normale Maße.

Die nun folgende Vernehmung des Segelmeisters Jöran Matsson erwies sich als der dramatische Höhepunkt der gesamten Verhandlung. Zuerst ging er auf die Ballast-Frage ein: »...es wurde soviel Ballast übernommen, wie es die Bilge zuließ.« Auch hätte er die vorschriftsmäßige Ausführung der Arbeit überwacht und sich dabei im untersten Schiffsraum aufgehalten. Als die Topplastigkeit der WASA zur Sprache kam, setzte er den Untersuchungsausschuß davon in Kenntnis, daß Kapitän Hansson schon vor längerer Zeit Admiral Fleming über diesen Umstand informiert hatte. Daraufhin wurde – die WASA hatte bereits Ballast an Bord und lag unter dem Kanonenkran – ein Krängungsversuch unternommen: Dreißig Mann mußten mehrmals geschlossen von Back- nach Steuerbord und zurück laufen. Beim dritten Mal neigte sich das Schiff um drei Plankenbreiten, so daß Fleming die Probe abbrechen ließ. Der Admiral hätte, so Matsson, in diesem Zusammenhang geäußert: »Das Schiff wäre unverzüglich gekentert, würde ich weitere Läufe über das Deck zulassen.«

Matsson beendete seine Ausführungen mit der rhetorischen Frage: »Wenn die WASA schon bei ruhigem Wetter und vier kleinen Segeln nicht richtig auf dem Kiel liegen konnte, was wäre erst bei starkem Wind und allen Segeln geschehen?« Da auch die anderen geladenen Seeleute sich entlasten konnten, hielt sich der Gerichtshof an die Schiffbauer. Henrik Hybertsson, der den Kiel gelegt und die Arbeit am Spantenwerk begonnen hatte, konnte keine Aussage mehr machen — er war 1627 verstorben. Hein Jakobsson hatte die WASA fertiggestellt und sie auch abgeliefert. Ihn wollte man nun zum Sündenbock stempeln. Auf die Anschuldigung, »weshalb er das Schiff so schmal und schlecht gebaut habe, daß es keinen Bauch habe, auf dem es liegen konnte, und infolgedessen umgefallen sei«, erläuterte Jakobsson, daß die Spezifikation von Meister Hybertsson in Übereinstimmung mit den Anordnungen des Königs aufgestellt worden war. Nach diesen Direktiven wurde die WASA exakt gebaut. Das Unterwasserschiff war sogar ein Fuß und fünf Zoll (43 Zentimeter) breiter als geplant. Seine letzten Worte: »jeder sagt, daß die WASA gut gebaut war«, veranlaßten den Kronanwalt zu der Feststellung: »Natürlich war das Schiff gut gebaut, aber es hatte nicht die richtigen Proportionen.«

Schließlich trat Arent Hybertsson in den Zeugenstand. Er verteidigte das bisher makellose Ansehen seines verstorbenen Bruders und erklärte, daß »Seine Majestät das Modell eines für den Herzog von Guise gebauten Schiffes und die danach berechnete Spezifikationsliste gutgeheißen und bestimmt hat, daß die WASA so gebaut werden solle.«

Der französische Admiral Herzog von Guise ließ nach diesem Modell etwa zur gleichen Zeit die SAINT LOUIS in Holland bauen. Das Schiff war allerdings wesentlich kleiner als die WASA und auch nicht so massiv gebaut. Es ist kaum anzunehmen, daß der erfahrene Schiffbauer Hybertsson von sich aus die Dimensionen veränderte. Vielmehr spricht alles dafür, daß Gustav II. Adolf Order erteilt hatte, die WASA größer und kräftiger zu bauen und selbst bestimmte Grundmaße und die Art der Bestückung festlegte.

So verlief der Prozeß ergebnislos, die Ursachen des Unglücks wurden offiziell nicht geklärt, ein Strafurteil nicht gefällt. Der Gerichtshof befand sich nach der sensationellen Aussage Matssons in einer unangenehmen Lage, da er weder Admiral Fleming, die rechte Hand des Vorsitzenden Gyllenhjelm, noch den König unter Anklage stellen konnte.

Der Verlust der WASA, die voll ausgerüstet etwa 100 000 Reichstaler gekostet hatte, mußte das Schatzamt arg getroffen haben. Jedenfalls sollte bereits drei Tage nach der Katastrophe die Schiffsbergung erfolgen, um den finanziellen Schaden so gering wie möglich zu halten.

Der Mann, der die in 32 Meter Tiefe auf der Seite liegende WASA heben wollte, war der ›engineer to His Majesty the King of England‹ Jan Bulmer. Da er nur über bescheidene technische Mittel verfügte, gelang es ihm lediglich, das stolze Schiff aufzurichten.

Während alle Aufmerksamkeit Bulmers Bemühungen galt, verschwand Arent Hybertsson klammheimlich aus Stockholm, um nach Holland zurückzukehren. Für die Behörden kam seine plötzliche Abreise nicht völlig überraschend. Sie überprüften gerade die Rechnungsführung auf der Werft und stellten erhebliche Mißstände, die sich aus der Vetternwirtschaft ergaben, fest. Im Ergebnis der Revision wurde der Werft-Buchhalter inhaftiert und Margareta Hybertsson aus ihrer Verantwortung für den Schiffshof entlassen. Danach wurde dieser wieder von der Marine geleitet.

Die schwedische Marine übernahm nach Bulmers Mißerfolg auch die Bergungsarbeiten, ohne jedoch ein Ergebnis erzielen zu können. Im Dezember schrieb Admiral Klas Fleming an den Reichsrat, »das Schiff ist schwerer, als ich jemals hätte präsumieren können.«

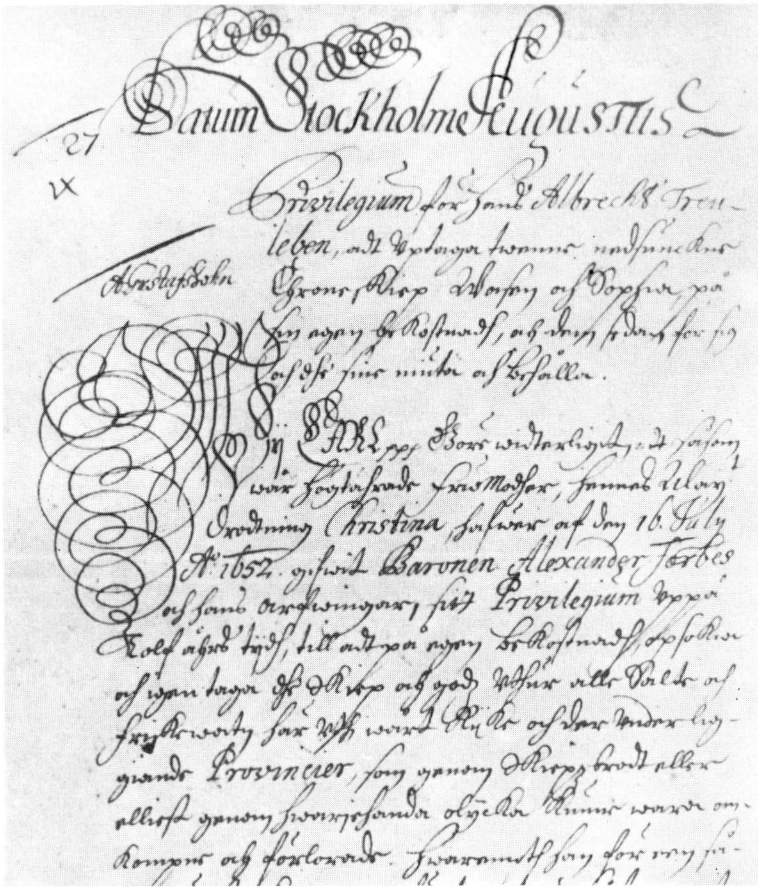

Die königliche Bergungslizenz für Hans Albrecht von Treileben.

Gustav II. Adolf wurde ungeduldig. Er wollte die WASA recht bald gehoben sehen. Fleming gelangte zu der Erkenntnis, daß die Schiffsbergung nur im Zusammenwirken mit Tauchern erfolgversprechend sein konnte. In Stockholm aber gab es zu der Zeit niemanden, der sich für solche Arbeiten eignete. Deshalb wandte er sich mit der Bitte an Henrik Månsson, den Gouverneur von Karelien, ihn bei seinem Vorhaben zu unterstützen. Obwohl es unter den Kareliern gute Taucher gab, konnte Månsson trotz großzügiger Verdienstversprechungen niemanden für das Unternehmen gewinnen.

Während der Winterzeit dachte man sich neue Methoden aus, wie der gesunkene Segler vom Grund des Stockholmer Hafens emporgeholt werden könnte. Die Experten hofften, während der Frühsommermonate 1629 erfolgreicher zu sein. Doch auch diese Arbeiten waren umsonst, wie ein vom Juli datiertes Schreiben Flemings an den König beweist: »Wir haben versucht, sie hochzuwinden, aber bis jetzt wenig erreicht. Der Grund dafür ist, daß teils die Leichter und die GAMLA SVÄRDET (ALTES SCHWERT) an sich nicht kräftig genug sind, um das Gewicht[23], das dort unten liegt, zu tragen, teils, daß die Blöcke und Ketten gerade dann brechen, wenn es darauf ankommt, mit der Folge, daß dann wieder eine lange Wartezeit einsetzt, bis alles repariert und wieder einsatzbereit ist. Jetzt habe ich die NYA SVÄRDET (NEUES SCHWERT) an die

Unfallstelle beordert mit dem Auftrag, den anderen zu helfen, und habe Blöcke mit Eisenbändern verstärken lassen. Ferner habe ich erneut siebzehn schwere Trossen und Ketten angebracht, mit denen wir sehen werden, was wir bewerkstelligen können...«

In den folgenden Jahren boten sich französische, holländische, deutsche und englische Glücksritter für die Bergung an, denn die wertvollen Bronzegeschütze stellten in jener Zeit ein begehrtes Handelsobjekt dar. Die damaligen Hebegeräte waren jedoch außerordentlich primitiv, so daß alle Versuche fehlschlugen – die Decks und Aufbauten wurden von speziell konstruierten Ankern und Greifern nur beschädigt.

Unter den Bewerbern wählte man schließlich den schottischen Baron und Obristen Alexander Forbes aus, der sich lange Jahre in der schwedischen Armee bewährt hatte. Wegen seiner Verdienste erteilte Königin Christina im Juli 1652 ihm das auf zwölf Jahre gültige Alleinrecht für Bergungsarbeiten in schwedischen Gewässern, allerdings auf eigene Rechnung. Forbes war kein Experte auf diesem Gebiet und deshalb auf die Hilfe von Fachleuten angewiesen. In den ersten Jahren nahm er drei Spezialisten, darunter auch Jan Bulmer, unter Vertrag. Doch alle drei verstarben, ehe sie für ihn aktiv werden konnten.

1656 ging Forbes mit dem schwedischen Oberst Hans Albrecht von Treileben und dem schottischen Taucher Jacob Maule einen merkwürdigen Kontrakt ein: Er verpachtete sozusagen Teile seiner Bergungslizenz, um die Hebemethoden erfahrener Taucher kennenzulernen. Den neuen Partnern erlaubte er, an dem Wrack der 1645 vor Göteborg gesunkenen dänischen SANCTA SOPHIA zu arbeiten.

Von Treileben hatte jedoch recht schnell die nötigen Kontakte zum Königshof geknüpft, um eine eigene Bergungslizenz zu erbitten. Sie wurde am 2. Dezember 1658 von Karl X. Gustav unterzeichnet, obwohl Forbes' Privilegium noch galt. Für die nächsten 21 Jahre war es von Treileben gestattet, mit 20 Helfern Bergungsarbeiten – ausgenommen im Stockholmer Hafengebiet – durchzuführen. Im darauffolgenden Jahr holte er aus dem im Öresund gesunkenen holländischen Admiralsschiff BREDERODE und 1660 aus der SANCTA SOPHIA Kanonen empor. 1661 arbeitete er bereits an dem bei Landsort in der Ostsee verunglückten schwedischen Kriegsschiff RESANDE MAN.

1663 kam es zu einer Begegnung mit dem deutschen Bergungsexperten Andreas Peckel, der die von dem Schweden bevorzugte neue Bergungstechnik mit einer Taucherglocke gleichfalls be-

Die Taucher vollbrachten im 17. Jahrhundert mit den ihnen zur Verfügung stehenden Geräten (hier eine Taucherglocke) erstaunliche Leistungen.

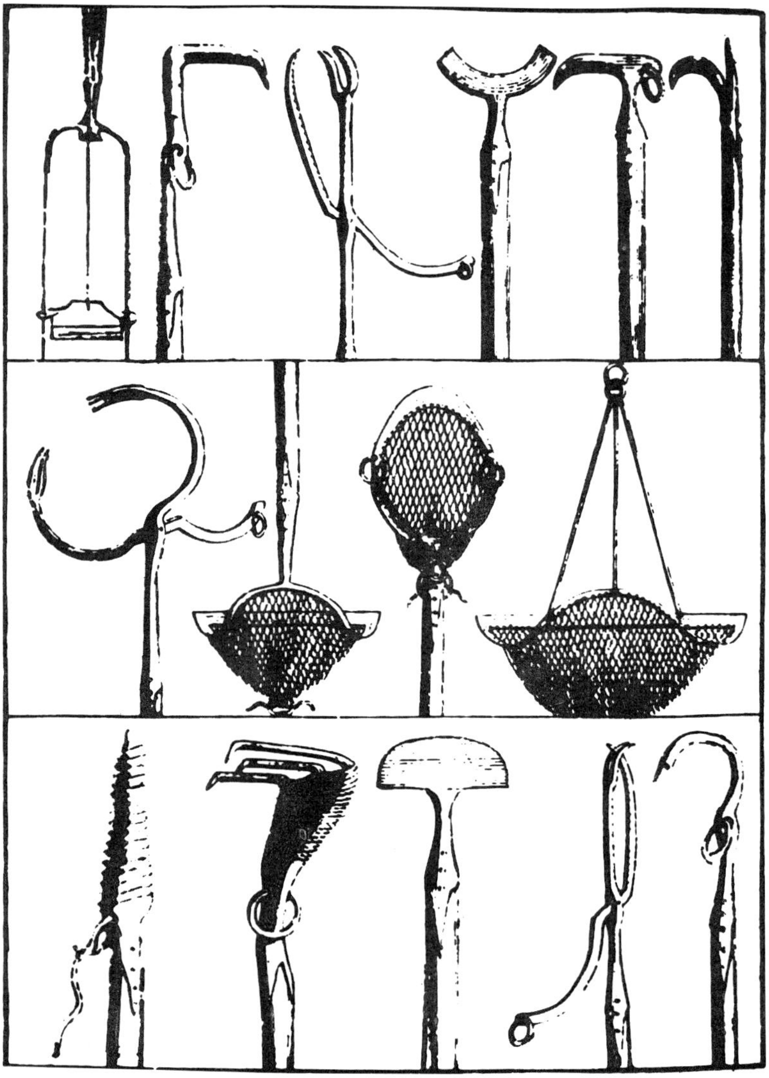

Ältere schwedische Bergungsgeräte werden von Mårten Triewald in seinem 1734 erschienenen Buch »Konsten att lefwa under watn« (»Die Kunst unter Wasser zu leben«) vorgestellt. Vermutlich benutzte auch von Treileben solche Instrumente, eventuell waren seine sogar noch primitiver.

herrschte. Sie vereinbarten, künftig zusammenzuarbeiten und die Lizenz zur Bergung der WASA zu beantragen. Von Treilebens bisherige Erfolge trugen sicherlich dazu bei, daß beide am 27. August 1663 die ersehnte Genehmigung erhielten. Daraufhin nahmen sie die aus Göteborg und Vadstena stammenden Taucher Anders Amundsson, Lars Andersson, Olof Olsson, Olof Ambroisison, Johan Bertilsson, Nils Nilsson und Johan Wiek sowie weitere Helfer für die Überwasserarbeit in ihren Dienst.

Im Oktober 1663 gingen sie mit einem Leichter über dem Wrack der WASA vor Anker. Auf dem Oberdeck stand die nach ihren Angaben gebaute Taucherglocke. Zu ihren Werkzeugen gehörten vor allem verschiedenartige Sägen, Hacken und Zangen mit langen Holzschäften sowie Greifer.

Mehr der Wirklichkeit zugeneigt als ihre Vorgänger, überzeugten sich die beiden Spezialisten, daß an eine vollständige Hebung des gewaltigen Schiffes mit den ihnen zur Verfügung stehenden technischen Mitteln nicht zu denken war. Es be-

Im August 1960 fand in Stockholm der XI. Internationale Historikerkongreß statt. Am Liegeplatz der WASA führte Bo Cassel, Kommandant der 1885 auf der Göteborger Lindholmen-Werft für die NEPTUN-Gesellschaft gebauten und seit 1940 bei der Marine in Dienst gestellten BELOS, den 2000 Teilnehmern die Nachbildung einer Taucherglocke vor, wie sie von Treileben benutzt hatte. Cassel blieb fünf Minuten unter Wasser und beschrieb über Lautsprecher die Unmöglichkeit, etwas von dem alten Schiff zu sehen, obgleich er es mit den Händen berühren konnte.

stand jedoch die Möglichkeit, wenigstens die sehr wertvollen Geschütze in Sicherheit zu bringen.

Die Kunde von dem neumodischen Instrument, mit dem die Taucher in die Tiefe hinabgelassen wurden, verbreitete sich über Stockholm hinaus aufs Land mit dem Ergebnis, daß täglich Schaulustige von Treilebens Operationsgebiet umlagerten.

Unter ihnen befand sich auch der weitgereiste italienische Priester Francesco Negri, der sich gerade in Stockholm aufhielt. Negri veröffentlichte in seinem 1700 in Padua erschienen Buch »Viaggio Settentrionale« einen ausführlichen Bericht über die Bergungsarbeit im Stockholmer Hafen: «Der Taucher stand auf einer wuchtigen Plattform, die mit Ketten an einer schweren bleiernen Glocke hing. Die Glocke reichte bis über seine Knie herunter. Wurde die Glocke langsam ins Meer gelassen, so stieg das Wasser dem Taucher über seine in Leder gehüllten Beine bis zu den Hüften, bei größeren Tiefen bis zur Brust. Doch sein Kopf befand sich immer noch in der Luft, die der Wasserdruck im oberen Teil der Glocke zusammendrängte.«

Nach Negri war die mit einer provisorischen Sitzbank versehene Taucherglocke etwa 1,5 Meter hoch. Um sich gegen die Kälte zu schützen, trug der Taucher neben langschäftigen Lederstiefeln eine Lederjacke, die mit Eisenbändern und Stricken wasserdicht verschnürt wurde. 20 bis 30 Minuten konnte er in der Tiefe bleiben, dann war die Atemluft verbraucht.

Von Treileben und seine Männer räumten zuerst das obere Deck auf. Um mit der Taucherglocke später besser an die Kanonen herankommen zu können, mußten Teile der Takelage sowie die von ihren Vorgängern hinterlassenen Ketten, Trossen, Anker und Greifer beiseite geschafft werden. Wie die Taucher dann die jeweils 1,5 Tonnen schweren Geschützrohre aus ihren Ständen — und zwar überwiegend durch die Stückpforten — herausholten, ist bis heute nicht ergründet worden. Die Männer waren in der Glocke nur auf ihren Tastsinn angewiesen und konnten sich auch kaum frei bewegen; es war eines der bemerkenswertesten Bergungsunternehmen jener Zeit.

1665 beendete von Treileben seine Taucherarbeiten in Stockholm recht erfolgreich, denn wie aus schwedischen Zollausfuhrpapieren hervorgeht, verkaufte er im gleichen Jahr 53 WASA-Geschütze nach Lübeck.

Ein weiterer Vierundzwanzigpfünder wurde 1683 durch den Bergungstaucher Liberton gehoben. Danach blieb das Schiff seinem Schicksal überlassen ...

Wiederentdeckt und zur Bergung vorbereitet

»Die irgendwo im Schlamm des Stockholmer Hafens ruhende WASA dürfte nicht nur eine archäologische Fundgrube sein, sondern — wird sie eines Tages entdeckt und gehoben — an Schwedens große Vergangenheit und seine Schiffstradition ständig erinnern.«

Prof. Nils Ahnlund, schwedischer Historiker an der Hochschule Stockholm; 1889—1957.

Das Jahr 1628 war für die schwedische Flotte ein unglückliches Jahr: Viele Schiffe gingen unter. Eines davon, die RIKSNYCKELN (REICHSSCHLÜSSEL), lief von Deutschland kommend in einer Septembernacht im südlichen Stockholmer Schärengebiet auf eine Klippe und zerschellte. Knapp 300 Jahre später verfing sich der Anker des aus Nynäshamn stammenden Fischers Erik Nordström bei der Insel Viksten vor Landsort auf dem Ostseegrund. Es wollte der Zufall, daß sich gerade ein Bergungsschiff in der Nähe befand. Für eine Flasche Kognak erklärte sich einer der Bergungstaucher bereit hinabzusteigen, um den Anker frei zu machen. Nordström hatte an gleicher Stelle schon einmal einen Anker verloren, so daß er die Anwesenheit der Taucher nutzte, um der Sache auf den Grund zu gehen. Man fand nicht nur die beiden Anker des Fischers, sondern auch die Reste eines alten Schiffes.

Einige Wochen nach dieser Episode gelang es, sieben prachtvolle, reichverzierte Bronzekanonenrohre deutscher, polnischer und schwedischer Herkunft aus dem Wrack zu bergen.[24] Professor Nils Ahnlund, ein angesehener Historiker, konnte nach umfangreichen Archivarbeiten feststellen, daß es sich bei dem entdeckten Wrack um die RIKSNYCKELN handelte. Bei seinen Nachforschungen stieß er auch auf Dokumente, die von der im gleichen Jahr gesunkenen WASA und ihrem aufsehenerregenden Schicksal berichteten. Er schrieb mehrere Zeitungsartikel über die wertvollen Kanonenfunde und einen über die WASA. Letzterer erschien am 29. August 1920 im »Svenska Dagbladet« und löste tatsächlich einige, allerdings erfolglose Suchaktionen nach dem Schiff aus.

Viele Jahre später erzählte der Professor gelegentlich einem seiner Studenten, Anders Franzén, mehr von den Aktenfunden und von seinen damaligen Veröffentlichungen. Franzén, ein großer Bewunderer jener goldenen Epoche der schwedischen Geschichte, sah plötzlich die Realisierung des Traums aller Studenten für Meereskunde, einmal die WASA zu entdecken, in greifbare Nähe gerückt. Bis 1953 hatte er sich aus Archiven genügend Quellenmaterial beschafft, um mit der praktischen Sucharbeit beginnen zu können.

Wo aber lag die WASA? Irgendwo im Stockholmer Hafen war sie gesunken. Nach Lustholmen, nach Blochsudden zu, in der Nähe von Danviken, so lauteten die einzigen Ortsbestimmungen, die er in alten Schriften fand. Doch dieser Tip war so vage, daß man einige hundert Schwimmtaucher hätte einsetzen müssen, um eine erfolgreiche Suche zu garantieren. Hinzu kam, daß man im schlammigen Hafenwasser weder die Hand vor Augen noch ein

In seiner Heimwerkstatt zeigte Anders Franzén dem Autor das selbstgebaute Stechrohr zur Entnahme von Bodenproben.

von den Zeiten geschwärztes Schiff hätte sehen können.

Im Sommer des Jahres 1954 bemerkten die Stockholmer ein Motorboot, das Tag für Tag den Hafen abfuhr, ein Dreggtau und Draggen hinter sich herziehend. Am Heck des Bootes stand Franzén (inzwischen als Chefingenieur in der schwedischen Marineverwaltung tätig), dem Spott der Hafen- und Werftarbeiter ausgesetzt; denn das, was er aus der Tiefe holte, war alles andere als wertvoll: verrostete Räder, Eisenöfen, und anderer Unrat. Dieser Sommer verging und der folgende gleichfalls, ohne daß auch nur eine Spur von der WASA gefunden werden konnte. Mit fanatischem Eifer suchte Franzén den Grund mit dem Echolot ab, jedoch ohne Erfolg. Er baute sich eine Sonde, mit der er Proben des zu untersuchenden Materials heraufholen wollte. Es handelte sich dabei um eine Art Bleilot, das durch die am oberen Teil angebrachten Stabilisierungsflossen an eine kleine Rakete erinnerte. An der Spitze trug dieses Lot eine kleine Röhre mit scharfen Rändern. Wenn die Röhre mit Gewalt auf einen nicht metallenen Gegenstand aufschlug, so schnitt sie ein Stückchen Material ab, und es konnte an die Oberfläche gebracht werden. Mit diesem Gerät prüfte Franzén zuerst die Gewässer bei Stadsgårdskajen. In einem Archiv entdeckte er nämlich eine alte Seekarte, worauf irgendjemand eine Stelle angekreuzt hatte, an der die WASA liegen sollte: Stadgårdskajen. Doch auch hier war nichts von einem versunkenen Schiff zu finden. Als der Herbst hereinbrach, sah man Anders Franzén wieder im Reichsarchiv in historischen Akten blättern. Eines Tages hielt er einen vom 12. August 1628 datierten Brief des schwedischen Reichsrates in den Händen. Es war der offizielle Bericht über das Schiffsunglück an den König, der damals in Polen kämpfte: »...und an jenem schicksalsschweren Sonntag, welcher der 10. dieses Monats war, setzte die WASA Segel. Doch es geschah, daß sie nicht weiter kam als bis Bleekholmsudden, wo sie mit Kanonen und allem anderen auf den Grund sank und in 18 Faden Tiefe liegt...« Bleekholmsudden! Sollte dies die alte Bezeichnung für die heutige Insel Beckholmen sein? Wenn das zuträfe, mußte etwa 100 Meter von ihr entfernt die WASA in 32 Meter Tiefe liegen. Franzén kennzeichnete auf einer speziellen Hafenkarte alle Stellen von 35 Meter Wassertiefe, die sich südlich von Beckholmen befanden. Ein nochmaliger Vergleich seiner bisherigen Echolotergebnisse mit den jetzt markierten Kartenabschnitten machte auf eine deutliche Erhebung des Hafengrundes nahe dem Dock GUSTAV V. aufmerksam.

Diese Erhöhung war bis jetzt nicht näher untersucht worden. Befreundete Ingenieure hatten nämlich Franzén erzählt, daß dieser Hügel nichts anderes sei als der Sprengschutt vom Bau eines Trockendocks, der dem Gestein einer kleinen Felseninsel abgerungen war. Im August 1956 ließ Anders Franzén seine Sonde an dieser Stelle in die Tiefe fallen. Nach 30 Metern traf sie auf. Als er sie wieder hochgeholt hatte, befand sich im Lotrohr kein Schlamm, kein Ton und kein Abfall, sondern kleine Stückchen von altem geschwärztem Eichenholz, Holz eines großen Schiffes, wie er nach mehreren Proben beweisen konnte. Hier mußte ein Schiff liegen: etwa 50 Meter lang und ein Dutzend Meter breit — er hatte die jahrelang gesuchte WASA lokalisiert.

Nun mußte das Wrack von erfahrenen Tauchern erkundet werden, um die Frage zu klären, ob eine Bergung des alten Schiffes möglich war. Franzén wandte sich an die Admiralität mit der Bitte, die jährliche Eignungsprüfung der Marinetaucher an der Untergangsstelle abzuhalten. Seinem Wunsch wurde entsprochen, und nach kurzer Zeit lagen bereits die ersten Gutachten über den Zustand des Wracks vor. Der Gedanke einer Bergung nahm mehr und mehr Gestalt an. Zur gleichen Zeit brachte der bekannte Marinehistoriker Kommandeur-Kapitän Georg Hafström durch intensive Archivauswertung Licht in das Dunkel um die Vergangenheit der WASA — sie wurde plötzlich Gegenstand des allgemeinen Interesses.

Der energische Franzén überzeugte zudem in kurzer Zeit zahlreiche einflußreiche Persönlichkeiten von der kulturhistorischen Bedeutung der WASA. Außerdem zeigten Presse, Rundfunk und Fernsehen des In- und Auslandes außergewöhnliches Interesse für das entdeckte Schiff. Dabei kamen weitere Fragenkomplexe zur Sprache: Was geschieht mit der WASA, falls ihre Hebung gelingt? Wie soll sie konserviert und bewahrt werden? Wer finanziert das kostspielige Unternehmen? Alle diese Fragen — und noch darüber hinausgehende — hatte sich Franzén bereits selbst gestellt und keine befriedigende Lösung gefunden. Die öffentliche Diskussion hatte allerdings auch etwas Gutes: Von allen Seiten wurde ihm Hilfe angeboten. So auch von der Bergungsgesellschaft NEPTUN, die sich auf eine Reihe von erfolgreichen Schiffshebungen berufen konnte;

September 1956: Marinetaucher untersuchten als erste die Fundstelle, um zu klären, ob eine Bergung der WASA möglich ist.

unter anderem wurde von ihr bereits 1892 der vor Ferrol an der spanischen Küste gesunkene britische 10 300-BRT-Kreuzer HOEWE geborgen. Die Gesellschaft hatte zugesagt, ihre Ausrüstung kostenlos zur Verfügung zu stellen, wenn die WASA im ganzen gehoben werden sollte und die Marinetaucher die dafür notwendigen Unterwasserarbeiten ausführen würden. In einem solchen Fall wollte man die Oberaufsicht über die gesamte Bergungsaktion dem bekannten Experten Kapitän Axel Hedberg übertragen.

An eine erfolgversprechende Bergung glaubten zu diesem Zeitpunkt aus verständlichen Gründen vor allem Marinefachleute. Unwillkürlich sorgte die WASA so für immer neuen Gesprächsstoff in der Marineverwaltung. Gunnar Jedeur-Palmgren, der Leiter dieser Insitution, entschied daher im Februar 1957, daß künftig ein WASA-Komitee alle in diesem Zusammenhang auftauchenden Fragen klären, die verschiedenen Bergungsvorschläge prüfen und den geeignetsten zur gegebenen Zeit der Öffentlichkeit unterbreiten sollte. Den Vorsitz des Gremiums übernahm der Direktor der Marinewerft, Geschwaderkommandant Edward Clason.

Parallel zu den Überlegungen im Komitee setzten die Taucher ihre Vermessungsarbeiten fort. Bald konnte man sich ein ungefähres Bild von der WASA und ihrer Umgebung machen: Die Tiefe bis zum Kiel des Wracks betrug 36 Meter, davon waren 29 bis 30 Meter auf der Backbord- und 30 bis 31 Meter auf der Steuerbordseite. Eine durchschnittlich zwei Meter starke Schlick- und Schlammschicht bedeckte den Tonboden, das heißt der geringfügig nach Backbord geneigte Schiffskörper »stand« — fünf bis sieben Meter tief in Ton und Schlamm eingebettet — auf dem Hafengrund.

Mit der Zeit waren die Taucher trotz äußerst mangelhafter Sicht mit dem Wrack bestens vertraut — jede Einzelheit meldeten sie über Telefon nach oben, wo man ihre Sachinformationen in Skizzen und Plänen festhielt. Äußerst sorgfältig prüften die Taucher jeden einzelnen Decksbalken. Von Stärke und Festigkeit dieser Wrackteile hing es letztendlich ab, ob eine Hebung des gesamten Schiffes überhaupt in Betracht kommen würde.

Als abschließende Arbeit in der Erkundungsphase stand im August 1957 die Untersuchung des schlammgefüllten Schiffsinneren auf dem Programm. Unmittelbar vor dem Hauptmast bahnten sich die Taucher mit Hilfe des Air-Lifts einen Weg zur tiefsten Stelle der WASA.

Dem WASA-Komitee lagen nun realistische Daten vor: Die Länge des Rumpfes betrug etwa 49 Meter und der breiteste Decksbalken maß fast acht Meter. Der Linienverlauf der Bordwände zeigte eine Ausbauchung von 1,8 Metern an jeder Seite, das heißt das Schiff war fast zwölf Meter breit. Diese Maße bildeten die entscheidende Grundlage für die Ermittlung der Wasserverdrängung von rund 1 200 Tonnen und der Masse der wracken WASA von 700 Tonnen. Ferner wußte man, daß sich der kräftig gebaute Schiffsrumpf in relativ gutem Zustand befand und alle bei einer eventuellen Hebung beanspruchten Teile aus Eichenholz bestanden. Nur die Rumpfverbindungen erwiesen sich als Unsicherheitsfaktor: Die einstigen Schiffsbauer benutzten zwar eine große Anzahl von Holznägeln und -dübeln (Eiche und Wachholder), die die Jahrhunderte ausgezeichnet überstanden hatten, doch die verwendeten Eisenbänder, -scharniere und -bolzen waren verrostet und würden bei Belastung kaum noch ihren Zweck erfüllen. Außerdem konnte niemand mit Bestimmtheit sagen, wieviele solcher Eisenverbindungen es gab, da man den Rumpf wegen des Schlamms nicht vollständig untersuchen konnte.

Das WASA-Komitee mußte in jenen Tagen viele Bergungsvarianten prüfen. So wurde zum Beispiel vorgeschlagen, ein Kühlmittel im Rumpf zirkulieren zu lassen, um das Ganze in einen Eisblock zu verwandeln, der dann aus eigener Kraft in die Höhe steigen würde. Ein anderer Vorschlag beruhte auf der von der amerikanischen Marine mit Erfolg praktizierten Hebung von Wasserfahrzeugen im Zusammenhang mit den Kernwaffenversuchen bei dem Bikini-Atoll: Im Schiffsinnern angebrachte Ballons aus Nylon oder synthetischem Kautschuk werden von einer schwimmenden Pumpstation aufgeblasen, bis das Wrack durch den Auftrieb der luftgefüllten Ballons von selbst an die Wasseroberfläche gelangt. Diese scheinbar einfache Methode mußte man jedoch ebenfalls verwerfen, da bei ihrer Anwendung die Kraft von innen nach außen wirken und das Regalschiff auseinanderfallen würde.[25]

Das Institut für Holzforschung legte ein Gutachten vor, wonach das Eichenholz der WASA nur etwa 40 Prozent seiner Widerstandskraft gegen Zug und seitlichen Druck eingebüßt hatte – seine Flexibilität reduzierte sich ebenfalls nur um etwa ein Drittel. Daraufhin beschloß das Komitee, die WASA mit konventionellen und erprobten Methoden zu bergen. Zuvor aber sollte sie in flacheres Wasser geschafft werden, damit Taucher die zur Hebung unabdingbaren Vorarbeiten sorgfältig ausführen konnten.

Während im Komitee die Wahl des anzuwendenden Bergungsverfahrens und die sich daraus ergebenden Probleme zur Diskussion standen, schritt die Arbeit am Wrack zügig voran. Ende August 1957 begannen die Marinetaucher eine neue, recht komplizierte Aufgabe zu lösen: Sie mußten nacheinander sechs 24 Meter lange Tunnel für die Hebetrossen unter dem Kiel des Wracks »graben«. Ein nor-

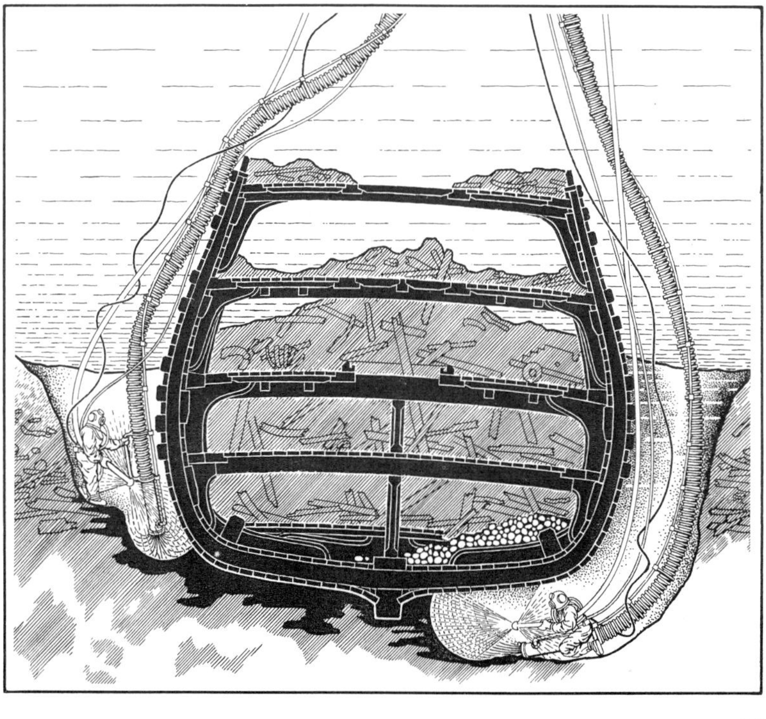

Zu den vorbereitenden Bergungsarbeiten gehörte, daß sechs Tunnel für die Hebetrossen unter den Schiffsrumpf gespült werden mußten.

males Durchziehen der Trossen war wegen des Tons und der Schlammschicht nicht möglich. So stiegen Helmtaucher mit einem Saugrohr der Mammutpumpe und einem mit dem Zetterströmschen[26] Mundstück versehenen Spülrohr in die Tiefe. An der Bordwand der WASA angekommen, richteten sie den kräftigen Wasserstrahl auf die Schlammassen. Durch das Saugrohr der Mammutpumpe, das die Taucher zwischen den Knien[27] liegen hatten, wurde der losgespülte Schlick und Ton zum Basisschiff befördert. Der Schlammstrom wurde durch ein Sieb geleitet, das alle Kleinstfunde auffing. Auf diese Weise bahnten sich die Männer, gleichzeitig von der Steuerbord- und der Backbordseite kommend, ihren Weg durch das Dunkel. Zum Jahreswechsel war erstmals der Kiel des Regalschiffes erreicht. Über ihnen lag der gewaltige Rumpf – im Falle eines Tunneleinsturzes blieb ihnen nur die geringe Chance, sich selbst freizuschwemmen. Solche Befürchtungen sollten jedoch unbegründet bleiben. Die Planken der WASA hielten; von geringfügigen Schlammeinbrüchen abgesehen, verliefen die ab April 1958 wieder aufgenommenen Arbeiten bei den fünf Tunneln programmgemäß.[28] Bis August 1959 hatten sich Sven-Olaf Nyberg, Stig Friberg, Lennart Carlbom und Ragmar Jansson unter Leitung ihres Cheftauchers Per Edvin Fälting (von den Beteiligten als »Tunnelbande« bezeichnet) in insgesamt rund 1 300 Abstiegen durch fast 150 Meter Schlamm und Ton hindurchgespült, ehe sie unter den Rumpf der WASA dünne Stahlseile hindurchziehen konnten.

Schon bei den Vermessungsarbeiten stießen die Taucher auf einige Holzteile, die sich in einem früheren Stadium vom Wrack gelöst hatten. Das erste in der Fundkartei aufgeführte Objekt ist »eine Decksplanke, auf einer Seite abgerundet, auf der anderen flach. Länge 9,8 Meter, Breite 45 Zentimeter, spitz zulaufend.« Im November 1956 brachte man das 19 Meter lange Teilstück des Großmastes an die

Als »Tunnelbande« bezeichnete man die fünf Taucher, die sich in insgesamt rund 1 500 Abstiegen durch fast 150 Meter Schlamm hindurchgespült hatten. V. l. n. r.: Sven-Olof Nyberg, Stig Fribert, Lennart Carlbom, Ragna Jansson und sitzend Per Edvin Fälting.

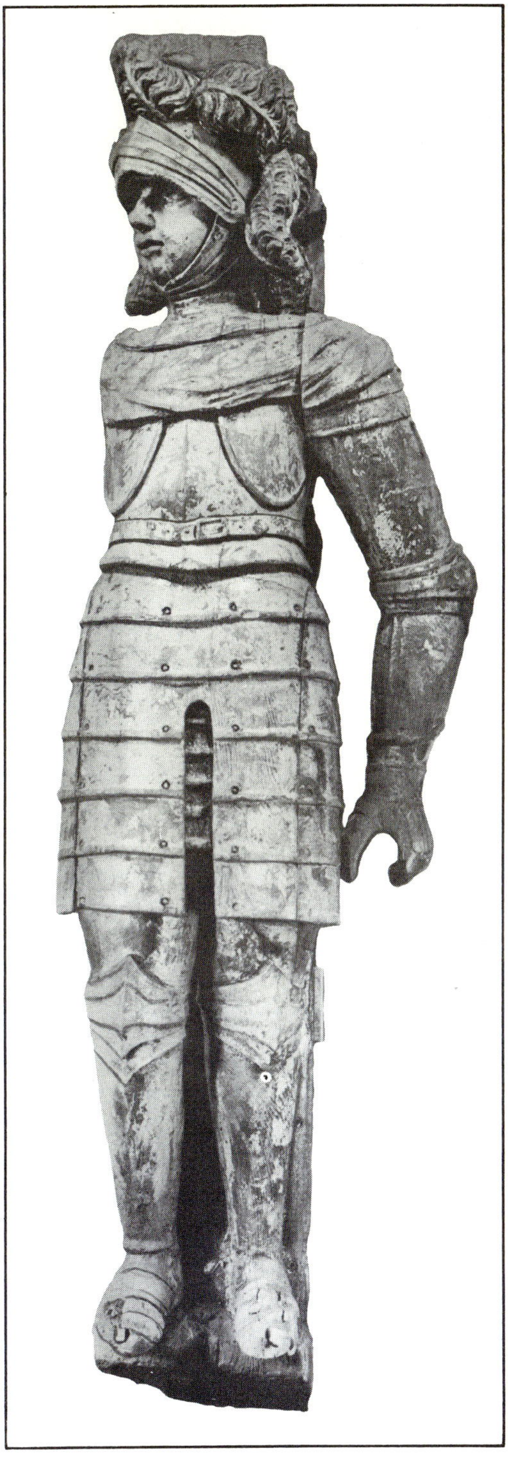

Ein weiterer Krieger (Fundnummer 1021).

Einer der 1,80 Meter hohen fünf Krieger in der Rüstung des 17. Jahrhunderts (Fundnummer 913).

Einige der vielen Schnitzwerke, die von Tauchern ans Tageslicht gebracht worden sind:
1 Ornamente dieser Art verzieren die Längsgalerien.
2 Backbord-Drückerkonsole des Kranbalkens (Länge 1,20 Meter; Fundnummern 5705 und 5786).
3 Stützende Konsole der unteren Längsgalerie.
4 Als Tritonen gearbeitete Hermen von den Dächern der unteren und

Diese Konsole stellt den griechischen Meeresgott Nereus dar und stützt die untere Längsgalerie (Höhe 0,84 Meter).

5 der oberen Längsgalerien (Höhe 1,40 Meter; Fundnummer 5899; Steuerbordseite).
6 Hermenpilaster vom Dach eines Galerieturms.
7 »Wilder Mann« von Backbord (Fundnummer 1732).
8 Einer der sechzehn großen Hermenpilaster, die die Galerietürme zieren (je Turm vier Skulpturen).
9 Kaiser Titus ist als Regelstütze nicht nur zierendes Beiwerk (Fundnummer 5795).

Oberfläche. Später wurde auch das obere Teil des unteren Mastabschnittes entdeckt – auf Deckshöhe betrug sein Durchmesser 46 Zentimeter.

Während die Taucher im Schiffsinnern zum Kiel vordrangen, legten sie glasierte Teller aus Steingut, Zinn- und Holzkrüge sowie Kochkessel aus Ton frei. Die meisten Gegenstände wurden allerdings beim Tunnelspülen gefunden:

Tunnelnummer	Ungefähre Entfernung vom Heck (in m)	Anzahl der Funde
1	5	388
2	11	54
3	20	139
4	28	19
5	35	45
6	41	46

Von diesen Funden machten die geschnitzten Holzskulpturen und Maskaronen (Löwenantlitze) von den Geschützpforten zahlenmäßig den größten Teil aus.

Auf dem Taucherbasisschiff wurden täglich neue Kunstwerke verschiedenster Formen und Größen vom Schlamm gesäubert: Martialische Gestalten der antiken Geschichte, Ritter mit finsteren Gesichtern oder mit geschlossenen Helmvisieren, rätselhaft lächelnde Seejungfern mit Goldspuren im Haar, bärtige Tritonen, Nereiden, üppig-runde Putten, bacchantische Figuren mit Weintrauben im Mund, grotesk grinsende Fratzen und sagenumwobene Fabeltiere – eine Bilderwelt der deutsch-holländischen Spätrenaissance.[29]

Viele Schnitzwerke wiesen noch Farbreste auf. So konnte zum Beispiel verhältnismäßig leicht nachgewiesen werden, daß die Innenseiten der Stückpforten rot angestrichen waren. Die darauf angebrachten

Weitere Schnitzwerke:

1 Tritonengeschmückte Abschlußbalken sind am Vorschiff angebracht. Sie reichen von der oberen bis zur unteren Regel. Hier der Steuerbord angebrachte Balken.

2 Oberhalb der Galionsfigur ist diese delphinähnliche Skulptur zu sehen. Auf den Nacken des Tieres ist ein langbärtiger Maskaron im Hochrelief geschnitzt (von oben und von der Seite gesehen).

Bodenstück des geborgenen Vierundzwanzigpfünders.

vergoldeten Löwen-Maskaronen hatten einen roten Rachen, weiße Zähne und weiße Augen.

Im September des Jahres 1958 hing ein bronzenes Kanonenrohr an den Hebetrossen des Schwimmkrans LODBROK, den man eigens für diesen Bergungsvorgang gechartert hatte. Es ragte an der Steuerbordseite aus der achternsten Stückpforte der unteren Batterie heraus. Bei dem späteren Hebevorgang hätte der Vierundzwanzigpfünder (Kaliber 14,8 cm) eventuell herausfallen und verlorengehen können. Deshalb schien die vorzeitige Bergung des knapp 1,5 Tonnen schweren Rohres ratsam. Nach dem Säubern des

Im November 1958 wurde das drei Tonnen schwere Ruder des Regalschiffes gehoben.

3 Figurenverzierte Sockel mit obeliskförmigen Ornamenten flankieren die »Wilden Männer« auf der Profilleiste (Höhe 0,75 Meter).

4 Von Meister Redtmer geschaffene Skulptur eines Römischen Kriegers (Fundnummer 1701).

5 Mit Früchten und Akanthusblättern verzierte Säulenköpfe bilden den oberen Abschluß der Galerietürme (Höhe 1,10 Meter; Fundnummer 1457).

6 Krieger in römischer Rüstung vom Unterteil der unteren Längsgalerie (Fundnummer 5953).

Anders Franzén mit einer soeben geborgenen Nereide-Skulptur, die zur Dekoration des Galeriedaches gehört.

Cheftaucher Per Edvin Fälting hatte zuvor im Schlamm diesen Löwen, der zum Reichswappen gehört, entdeckt. Deutlich waren Spuren von Blattgold zu erkennen.

Bis Oktober 1967 fanden die Taucher an der Untergangsstelle noch weitere 4 000 Einzelstücke. Die Bergung des zwölf Meter langen Beibootes der WASA bildete den Abschluß der Taucherarbeiten.

Einer der letzten Funde des Jahres 1958: Die imposante Galionsfigur.

Fundes zeigte sich, daß der hintere Verzierungsteil infolge eines Gußfehlers unvollständig, während der stilisierte Ruhmeskranz – ein Emblem der WASA-Dynastie – deutlich erkennbar war.

Zwei Monate später holte man das gewaltige WASA-Ruder aus der Tiefe empor. Das etwa zehn Meter lange Ruder wiegt rund drei Tonnen und besteht aus zwei kräftigen Eichenbalken (Herzstück und Ruderblatt) und ist insgesamt 1,45 Meter breit. Die Fläche des vierzig Zentimeter starken Ruderblattes ist verhältnismäßig klein.

Einer der letzten Funde[30] vor der WASA-Hebung war ein 3,28 Meter langer, 63,5 Zentimeter breiter, 90 Zentimeter hoher und zwei Tonnen schwerer, zum Sprung geduckter geschnitzter Löwe mit goldener Mähne – die Galionsfigur des königlichen Regalschiffes.

Alle von den Tauchern sichergestellten und sofort katalogisierten Gegenstände wurden nach ihrer Reinigung in feuchte Tücher gewickelt. Anschließend schaffte man sie nach Beckholmen. Hier hatten die Museologen auf einem Freigelände provisorische Wasserbassins errichtet, in denen die Objekte ihren vorläufigen Platz fanden.

September 1958: von Treileben hatte die Freundlichkeit, in der WASA drei Vierundzwanzigpfünder für die Forscher späterer Zeiten zurückzulassen. Die Marinetaucher benötigten einen Arbeitstag für die Bergung des Geschützrohres.

Noch einmal das geborgene Beiboot.

Das Regalschiff wird gehoben

»Ein altes Wrack gibt einen klaren und konzentrierten Bericht über die Kultur, die zur Zeit der Katastrophe herrschte. Nur auf einem Schiffe findet man auf so engem Raum so viele Dinge angehäuft, die Zeugnis ablegen und einen Querschnitt geben von dem Leben, das plötzlich zum Stillstand kam und vom Meer bewahrt wurde.«

Philippe Diole, Archäologe, Schriftsteller, Journalist. Kommentator bei Cousteau-Expeditionen.

Am 13. August 1959 erschien zum ersten Male die NEPTUN-Flotte am Schauplatz und machte neben dem bereits bei der WASA ankernden Marinetender SPRÄNGAREN fest: ODEN und FRIGG, zwei 1858 gebaute Hebepontons mit einer Gesamthebekraft von 2 400 Megapond sowie die Bergungsschiffe SLEIPNER und ATLAS.

Die unter dem Wrack liegenden schwachen Vorgängerseile wurden durch sechszöllige Trossen, insgesamt 1 500 Meter, ersetzt. Je zwei Trossen führten unter dem Kiel des Wracks hindurch und jeweils an der Steuerbordseite und Backbordseite auf die Pontondecks, wo sie mit Seilklemmen zu einem endlosen Stropp verbunden wurden.[31]

Das Bergungsteam zählte sechzig Mann. Jeder von ihnen kannte den bevorstehenden Hebevorgang: Die Pontons fluten, bis ihre Decks in fast gleicher Höhe mit dem Wasserspiegel liegen, dann die Trossen gleichmäßig steifholen, die Pon-

20. August 1959: Alles ist für den ersten Hebeversuch vorbereitet. V. l. n. r.: Marinetender SPRÄNGAREN, geflutete Pontons ODEN und FRIGG, Bergungsschiffe SLEIPNER und ATLAS.

tons lenzen, die nun langsam emporsteigen, und die WASA anheben. Anschließend werden Pontons und Wrack in seichteres Wasser geschleppt. Sobald die in den Trossen hängende WASA Grund berührt, wird der Vorgang wiederholt.

Am Morgen des 20. August waren alle Vorbereitungsarbeiten für den ersten Hebeversuch abgeschlossen. Ein letztes Mal wurden die Trossen über und unter Wasser sorgfältig kontrolliert. Polizeiboote sorgten dafür, daß die Arbeitsstätte frei von anderen Fahrzeugen blieb und vorbeifahrende Schiffe nur geringen Wellenschlag machten.

Um die Mittagszeit gab Kapitän Hedberg das langersehnte Kommando: »Lenzen!« Die Pumpen begannen gleichmäßig zu arbeiten. Ein leichtes Beben in den Pontonrümpfen und zischend ausströmender Dampf[32] waren in den nächsten zwanzig Minuten die einzigen Anzeichen dafür, daß sich etwas tat. Die Hebekraft betrug jetzt 100 Megapond, um 14.15 Uhr

Jeweils zwei unter dem Wrack liegende Trossen wurden auf dem Pontondeck mit Seilklemmen zu einem endlosen Stropp verbunden.

400 Megapond, um 16.10 Uhr 700 Megapond. Dreißig Minuten später ließ Kapitän Hedberg den Lenzvorgang unterbrechen. Seit einiger Zeit neigte sich der Backbordponton leicht zum Wrack hin, beide Pontons waren zudem auch einander nähergerückt. Ein natürlicher Vorgang, denn im Augenblick des Untergangs hatte die WASA bekanntlich den Wind auf ihrer Steuerbordseite und sich infolgedessen nach Backbord geneigt. Beim Kentern rutschten die Ballaststeine nach Backbord, so daß diese jetzt schwerer war als die Steuerbordseite. Aufsteigende Blasen deuteten an, daß das Wasser begonnen hatte, zwischen Wrack und Tonbett einzudringen. Langsam begann sich die WASA aus ihrer Umklammerung zu lösen.

Sven-Olaf Nyberg tauchte zum Wrack hinab, um zu erkunden, ob die Bergungsbemühungen erfolgreich verliefen. »Die WASA hat sich um etwa einen halben Meter gehoben. Unzerbrochen hängt sie im Strahltrossennetz«, leitete er seinen Bericht ein. Der Hebevorgang konnte also fortgesetzt werden. Um 20.00 Uhr – beide Pontons waren gelenzt – wurde das ganze System in Richtung Kastellholmen geschleppt. Nach etwa einhundert Metern hatte die WASA Grundberührung. Vorsichtig setzte man sie ab. So verging Tag und Tag mit Heben und Vorwärtsschleppen. Insgesamt legte das Regalschiff auf diese Weise achtzehn Etappen in komplizierter Klettertour zurück, bis am Mittwoch, dem 16. September, Kapitän Hedberg ins Logbuch einschreiben konnte: »Der erste Bergungsabschnitt ist erfolgreich beendet. Die WASA wurde 550 Meter weit geschleppt und liegt jetzt in sechzehn Meter Tiefe östlich von Kastellholmen auf Grund ..., dicht unter der Wasseroberfläche sind ihre Umrisse zu erkennen ...«

Natürlich verliefen diese achtzehn Etap-

1

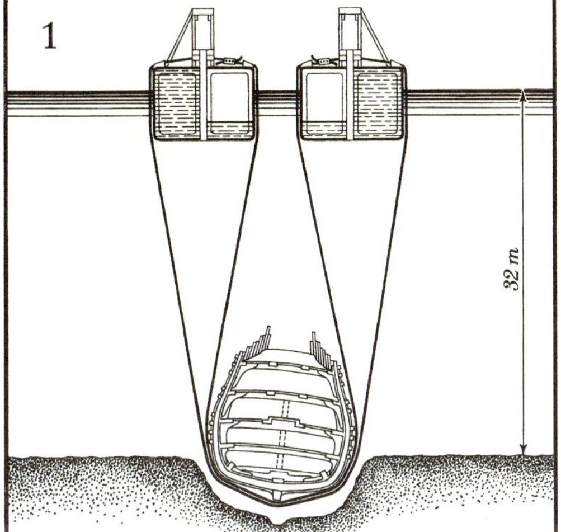

20. August 1959: Die WASA wurde angehoben und in 18 komplizierten Etappen rund 500 Meter weit, bis vor Kastellholmen, in eine Wassertiefe von 16 Metern bugsiert.

2

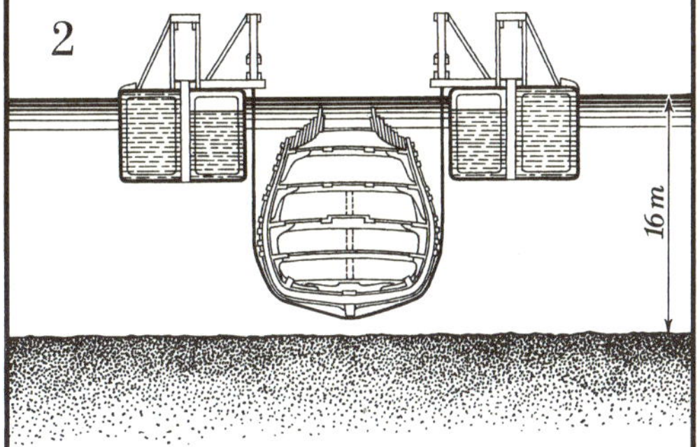

Nach Umbau der Pontons schleppte man das Regalschiff Anfang April 1961 zu einer 14 Meter tiefen Stelle.

3

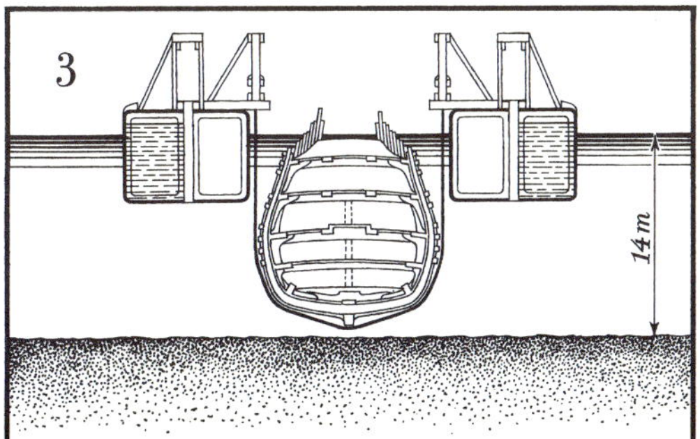

Am 24. April 1961 begann die eigentliche Hebung.

4

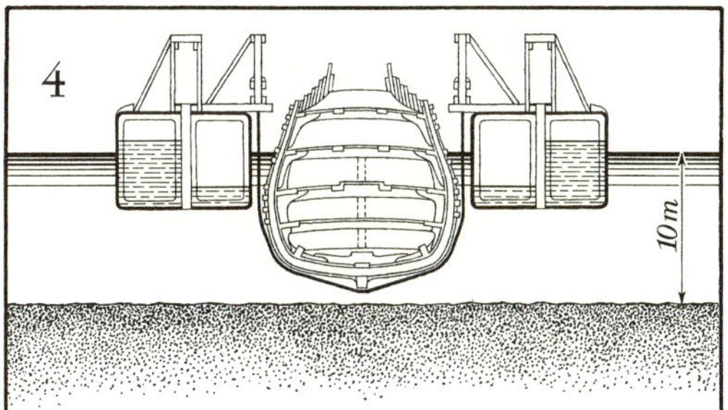

Der Tiefgang des Schiffes gestattete Ende April noch immer nicht die Fahrt ins Dock.

5

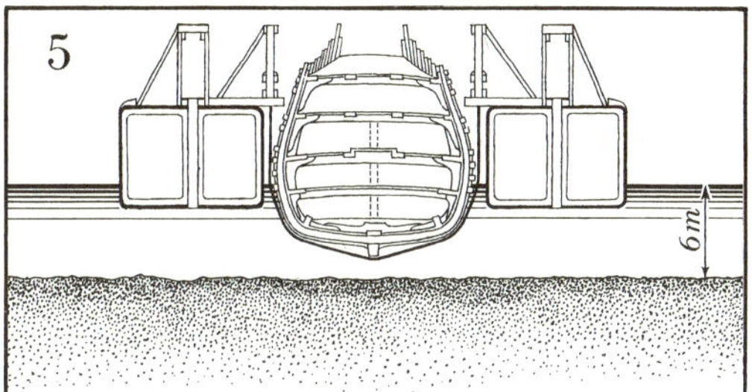

4. Mai 1961: die WASA lag jetzt so hoch, daß sie die Sohle des Trockendocks passieren konnte.

6

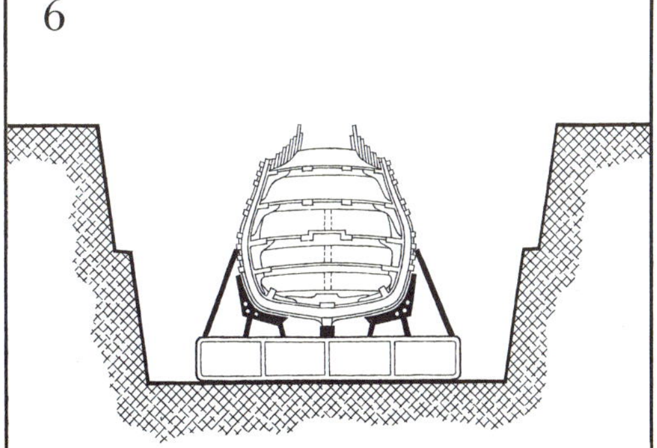

Nachdem der Rumpf von Schlamm und Ballast befreit worden war, nahm die WASA endlich ihren Platz auf dem Betonponton ein.

pen nicht reibungslos. Als die WASA das erste Mal angehoben wurde, war sie etwas kopflastig und hatte eine Schlagseite von zehn bis zwölf Prozent. Vor dem zweiten Hebevorgang korrigierte man diese ›Kleinigkeiten‹. Da sich der schwere Bug bei Grundberührung stets in den Schlamm eingrub, wurde ab der dritten Etappe das Wrack mit dem Heck voran geschleppt. Manchmal glitt es auch in die Bodeneinbuchtung zurück, die es eben verlassen hatte. Einige Male versank die WASA so tief im Schlick, daß sie nicht an Höhe gewinnen konnte. Für Kapitän Hedberg war es auch nicht einfach, stets den richtigen Schleppweg zu bestimmen. Der Hafengrund ist an einigen Stellen felsig. Diese Gebiete mußte er meiden, da sonst die WASA bei Grundberührung hätte beschädigt werden können.

Die Männer der NEPTUN-Gesellschaft hatten in jenen Tagen nicht nur Großartiges geleistet, sondern auch der Öffentlichkeit bewiesen, daß die WASA allen Hebebeanspruchungen gewachsen und eine endgültige Bergung durchaus möglich war. Das WASA-Komitee erkannte, daß für künftige Arbeiten an dem alten Schiff die Kompetenz der Admiralität nicht ausreichen würde. Es wurde daher der Regierung vorgeschlagen, einen zeitweiligen WASA-Ausschuß zu bilden, der die Verantwortung für alle weiteren Aktionen übernehmen sollte. Der Antrag erhielt die Zustimmung des Reichstages. Im Oktober 1959 nahm der Ausschuß unter dem Vorsitz von Kronprinz Bertil seine Arbeit auf, Stellvertreter war der Vorstand des Stockholmer Stadtrates, Carl Albert Anderson. Einmal als Regierungsprojekt anerkannt,

Die in der Pontonmitte stehenden Hebeböcke erwiesen sich für die erste Hebephase als ungeeignet. Man nutzte nur die Hebekraft der Pontons.

waren für alle Beteiligten die finanziellen Sorgen gegenstandslos geworden. Der Ausschuß sollte nicht nur die weitere Bergungsaktion überwachen, sondern auch Vorkehrungen für die Konservierung und Ausstellung des Regalschiffes in die Wege leiten.

Auch die NEPTUN-Gesellschaft nutzte die Bergungspause für notwendige Umbauarbeiten an ODEN und FRIGG. Beide Pontons waren mit jeweils sechs hydraulischen Hebeböcken – jeder mit einer Kraft von 490 kN – ausgerüstet. Die Öffnungen zum Heben von Lasten befanden sich in Pontonmitte. Auf diese Weise konnte jedoch die WASA nicht an die Wasseroberfläche gebracht werden. Es war daher notwendig, die Hebeböcke an die Pontonseiten zu verlegen. Außerdem montierte man auf jeden Ponton einen zusätzlichen Hebebock.

Für die Taucher gab es neue Aufträge: Unmittelbar nach Abfahrt der Bergungsflotte vermaßen sie nochmals das Wrack (diesmal konnten sie fast alle Teile des Rumpfes erreichen) und prüften eingehend seinen äußeren Zustand. Die erzielten Resultate bildeten eine gute Grundlage, um während der kommenden Wintermonate die später benötigten Ersatzhölzer anzufertigen.

Im Mai 1960 begann für Cheftaucher Fälting und seine Männer eine weitere Etappe. Sie säuberten zuerst das obere Batteriedeck[33] von Schlamm, Schutt und alten Ankern[34]. Dann mußten Schäden repariert, Geschützluken geschlossen, die Löcher von über 5 000 durchgerosteten Eisenbolzen durch Holzpfropfen abgedichtet und das zerstörte Heck mit Brettern verschlossen werden. Weiterhin verstärkte man an vier Stellen den Schiffsrumpf: Durch sich gegenüberliegende Stückpforten steckten die Taucher jeweils drei durch Schäkel fest miteinander verbundene Eisenstangen, die sie wiederum an außen angebrachten Eisenträgern befestigten. Ende März 1961 konnte Per Edvin Fälting dem WASA-Ausschuß berichten, daß die Unterwasserarbeiten am Schiffsrumpf abgeschlossen seien.

Einer Bergung der WASA stand nun nichts mehr im Wege. ODEN und FRIGG lagen seit langem nahe dem Hotel »Diplomat« am Strandvägskajan (Strandweg-Kai) vertäut. Am 4. April trafen die NEPTUN-Bergungsfahrzeuge AJAX, ATLAS und SLEIPNER sowie das Taucherschiff der Marine BELOS bei Kastellholmen ein; das diesmal aus siebzig Männern bestehende Bergungsteam wartete nur noch auf Kapitän Hedbergs Kommando, die Hebeoperation zu beginnen. Doch zuvor mußte noch abgesichert sein, daß ein gerade reparierter Frachter das Trockendock GUSTAV V. bis Ende April verlassen konnte, damit anschließend das künftige Fundament des Regalschiffes, ein auf der Werft in Gävle hergestellter 55 Meter langer, 20,7 Meter breiter und 3,7 Meter hoher Betonponton mit einer Tragfähigkeit von 2 000 Tonnen, darin untergebracht werden konnte.

Am 5. April fand auf der SLEIPNER eine internationale Pressekonferenz statt. Hedberg gab erstmals, obwohl im Bergungsgewerbe unüblich, einen Zeitplan bekannt: »...die WASA wird irgendwann zwischen dem 20. und 27. April an der Wasseroberfläche erscheinen. Das genaue Datum ist noch ungewiß. Während des Hebevorganges verstärken Taucher den Rumpf und dichten ihn ab, wo es nötig ist. Die Archäologen werden sobald als möglich an Bord gehen, um uns dabei zu helfen, das Schiffsinnere zu leeren. Sobald die WASA hoch genug schwimmt, um die Schwelle des Docks zu passieren, wollen wir sie eindocken. Dies geschieht in der ersten Hälfte des Monats Mai. Das Regalschiff wird im Dock auf einen Spezialponton aufgepallt, den es voraussichtlich nie wieder verlassen wird — er bildet den Boden für das zukünftige WASA-Museum. Verläuft alles planmäßig, beabsichtigen wir, das Regalschiff am 17. Juni auf seinem Ponton zur Nordseite Beckholmens zu schleppen, wo es zunächst besichtigt werden kann…«

Am folgenden Tag flutete man die zur WASA verholten beiden Hebepontons und machte die noch unter dem Wrack liegenden Trossen an ihnen fest. Das alte Schiff sollte etwas angehoben werden, damit endlich auch die Kielpartie begutachtet werden konnte. Es stellte sich jedoch heraus, daß die achternste Trosse um zehn Meter verrutscht war. Ein beträchtlicher Teil der WASA würde beim Heben also unabgefangen hängen. Die Taucher mußten deshalb für eine neue Trosse das schwere Achterschiff freispülen. Zusätzlich brachten sie dort vier aufblasbare Gummipontons an, die mit einer Hebekraft von je fünf Megapond zum Gelingen des Unternehmens beitragen sollten.

Wenige Tage später wurde die WASA für kurze Zeit um etwa zwei Meter angehoben. Die Untersuchung des Schiffsbodens ergab, daß alle Planken fest und nur geringfügig beschädigt waren. Jetzt ersetzte man die bisherigen Trossen durch neunzöllige und schäkelte sie an die Ketten der Hebeböcke. Die Männer leisteten in jenen Tagen Außerordentliches — ihre Arbeitszeit begann täglich um fünf Uhr und währte ununterbrochen bis gegen zwanzig Uhr.

24. April 1961: Die WASA tauchte langsam auf. Gegen 11 Uhr kamen zwei Knechte und die Relingstützen ans Tageslicht.

Am 17. April hing die WASA erneut zwischen den Pontons. Sie hatte jetzt nur noch eine Masse von etwas über 400 Tonnen.[35] Nach dem Willen der Bergungsfachleute sollte sie nun nicht mehr zum Hafengrund zurückkehren, denn drei Tage zuvor hatte Kapitän Hedberg den Hebetermin verkünden lassen: Montag, den 24. April. Die letzte Woche wollte man dazu nutzen, nochmals alle getroffenen Maßnahmen bis ins letzte Detail hinein zu überprüfen.

In den frühen Morgenstunden des 24. April legte sich der Schwimmkran LODBROK, dessen große Plattform jetzt eine Zuschauertribüne bildete, hinter die Bergungsfahrzeuge. Um zusätzliche Plätze für die aus aller Welt angereisten Pressevertreter zu schaffen, gingen längsseits mehrere Passagierschiffe vor Anker. Ab acht Uhr wurde die Umgebung des Schauplatzes für alle Wasserfahrzeuge gesperrt. Um neun Uhr gab Kapitän Hedberg das von allen ungeduldig erwartete Zeichen, mit dem Heben zu beginnen. Gleichmäßig begannen die Hebeböcke zu arbeiten – jeweils von zwei Mann bedient. Nach drei Minuten durchbrach das erste Stück Eichenholz des Regalschiffes die Wasseroberfläche. Langsam zeichneten sich die Umrisse der WASA im trüben Hafenwasser ab. Gegen zehn Uhr waren die Relingstützen zu sehen. Um elf Uhr tauchte das Vorschiff auf – 90 Zentimeter hatte

Um 13 Uhr waren die Umrisse des Regalschiffes deutlich sichtbar. Der Hebevorgang erfolgte durch die zur Pontonseite verlegten hydraulischen Böcke. V. l. n. r.: SLEIPNER, ODEN, WASA, FRIGG, BELOS.

man das Wrack bereits angehoben. Dann wurden auf dem Vorschiff zwei Figuren sichtbar, die Knechte mit ihren geschnitzten Köpfen. Genau um 14 Uhr konnten Anders Franzén und Per Edvin Fälting als erste die kräftigen Balken des Achterdecks betreten – ein würdiger Abschluß des Hebevorganges für diesen Tag.

Am nächsten Morgen verholten Schlepper die Pontons und die WASA 200 Meter näher zum Ufer. Während ihr Vorschiff jetzt etwa vier Meter über Grund in neuneinhalb Meter Tiefe schwamm, berührte ihr Heck in zwölf Meter Tiefe fast den Hafenboden. Nachdem die WASA vorsichtig um weitere 46 Zentimeter angehoben wurde, gingen Archäologen und Konservatoren an Bord, um die der Sonne ausgesetzten Schanzkleidstützen, Decksbalken und Knechte mit Plastfolien zu umwickeln. Anschließend begann das Lenzen des Wracks. Um allzu kräftige Wasserströmungen zu vermeiden, pumpte man mit einer Kombination von elektrischen Unterwasser- und dieselgetriebenen Zentrifugalpumpen. Knapp 30 000 Liter Wasser förderten die Pumpen pro Minute aus dem Schiffsrumpf. Das Lenzen geschah äußerst behutsam und in Abstimmung mit den Arbeiten an den Hebeböcken. Der Wasserstand im Schiffsinnern mußte stets so gehalten werden, daß er nie höher war als der des Hafens, da sonst die Bordwände einem übermäßigen, von innen nach außen gerichteten Druck ausgesetzt worden wären.

Während die Taucher unentwegt damit beschäftigt waren, die Dichtungen weiter zu verbessern, bot das Deck des Wracks ein eigenartiges Bild: Zwischen modernen, dröhnenden Maschinen drängten sich Archäologen, Konservatoren, Ingenieure, Elektriker, Mechaniker, Taucher und andere Spezialisten.

Die Anstrengungen der Taucher führten bald zu einem spürbaren Erfolg: Am Nachmittag förderten die Pumpen mehr Wasser aus dem Wrack, als durch ver-

4. Mai 1961: Die WASA konnte mit leichter Backbord-Schlagseite ins Trockendock verholt werden.

schiedene Lecks hineinströmen konnte. Abends zeigten die Meßlatten am Vor- und Achterschiff 1,8 Meter über der Wasseroberfläche an.

In dieser Phase hatten die Archäologen unter Leitung von Dr. Per Lundström alle Hände voll zu tun: zwölf Stunden lang siebten sie täglich Schlamm, sortierten Decksbalken, deckten größere Wrackpartien mit Persennings ab. Jedes sichergestellte Stück wurde sofort katalogisiert[36], fotografiert und in eines der Wasserbassins gelegt, die auf einer hinter der WASA vertäuten Arbeitsplattform standen. Zu den bemerkenswertesten Gegenständen, die man im Achterschiff entdeckte, gehörten ein mit kleinen Zinnbechern gefülltes Kästchen sowie sieben noch mit Spuren ehemaliger Vergoldung versehene seltsame Schnitzwerke: ein aus musizierenden Engeln bestehendes Kammerorchester.[37]

Am 28. April manövrierte man den für die WASA bestimmten Betonponton in das 22 Meter breite Trockendock GUSTAV V. hinein und lenzte es. Der nun auf der Sohle ruhende Ponton wurde mit einigen Dutzend Kiel- und Kimmstapeln sowie mit mehreren Kimmschlitten versehen und danach mit Wasser gefüllt. Anschließend flutete man das Dock und erwartete die WASA. Das Regalschiff lag indessen noch zu tief im Wasser, es hätte die Schwelle des Docks bei dem normalen Pegel von neuneinhalb Metern nicht passieren, geschweige denn über den Ponton verholt werden können. Nicht mehr als fünfeinhalb Meter durfte der Tiefgang des Wracks betragen, um die letzte Hürde zu nehmen. Diese Pegelmarke war, nach den vorhandenen Schlammassen[38] im Rumpf zu urteilen, in nächster Zeit kaum zu erreichen. Erst als eine speziell für die Gewässersäuberung konstruierte Baggerpumpe mit einer Förderleistung von acht Tonnen Schlamm pro Minute eingesetzt wurde, stieg die WASA langsam, aber stetig empor.

Dieses Modell veranschaulicht den Bergungsvorgang.

Am 4. Mai ›schwamm‹ das alte Schiff hoch genug, so daß es mit leichter Backbordschlagseite ins Trockendock verholt werden konnte, obgleich es immer noch um drei Meter zu tief lag, um auf seinen Ponton zu gelangen. Der Platz vor ihm reichte jedoch für die provisorische Eindockung der WASA aus. Jetzt konnten Archäologen und Konservatoren effektiver als im offenen Hafen arbeiten, da sie keine Rücksicht mehr auf den Hebevorgang zu nehmen brauchten. Trotzdem standen sie unter Zeitdruck: Nur bis Mitte Juni gehörte ihnen das Trockendock, danach begann die planmäßige Überholung von Eisbrechern.

Während über ein Sprinklersystem das gesamte Schiff ständig mit Wasser besprüht wurde, gruben die Archäologen rund um die Uhr die einzelnen Decks frei. Ein Kran zog immer neue, mit Funden gefüllte Körbe herauf: Holzteile, Seemannskisten, Schnitzwerke, Kanonenkugeln. Die vorbereiteten Lagerungsbehälter reichten bald nicht mehr aus, so daß weitere gebaut werden mußten.

Je tiefer die Archäologen ins Schiffsinnere vordrangen, desto aufregender gestaltete sich ihre Arbeit: Obgleich die Taucher des 17. Jahrhunderts die meisten Kanonenrohre geborgen hatten, standen die Lafetten unversehrt auf ihren Plätzen — viele noch mit in der Bordwand eingehakten Brooktauen und Takeln. Pulverschaufeln und Gegenstände der Bedienungsmannschaften (Kämme, Knöpfe, Nadeln, Haken und Ösen) lagen daneben.

Im Troßdeck stießen sie auf Fässer, die einst gepökeltes Schweine- und Rindfleisch enthalten hatten.[39] In sechs kleinen Fässern befanden sich bleierne Musketenkugeln. In der Munitionskammer lagen Rund-, Ketten- und Stangenkugeln. Die an anderer Stelle entdeckte Werkzeugkiste des Schiffszimmermanns enthielt unter anderem Schleifstein, Haspel, Handbohrer (Brustleier), mehrere Hobel, Messergriffe und Beilstiele.

Aufräumungsarbeiten im Schiffsinnern: Auf dem unteren Batteriedeck standen viele Kanonenlafetten unversehrt auf ihren Plätzen.

Auch ein Zinnkanister mit 1,3 Liter ›Anisschnaps‹ wurde geborgen.

Aus dem Schlamm kamen viele kleinere Funde zum Vorschein: Teller aus Holz und Zinn, Tonschalen, Steinguttöpfe und -krüge, Zinnbehälter, Holzlöffel, 71 Silber- und 4 084 Kupfermünzen, Teile einer Tischuhr, eine Sonnenuhr und ein 23karätiger goldener Siegelring.[40]

Als die Wissenschaftler eine aus Eichenholz gefertigte Seemannskiste öffneten, sahen sie zuerst einen Dreispitz. Daneben lag eine Spanschachtel (Inhalt: ein Kamm, ein Garnknäuel, ein Fingerhut und einige Stoffreste) mit einem noch heute auf Gotland anzutreffenden Hauszeichen versehen. Unter dem Hut befanden sich ein leeres Zwei-Liter-Branntweinfäßchen, je ein Paar lederne Pantoffeln, Schuhe und Handschuhe. Ein hölzerner Leisten und ein mit Münzen gefüllter Geldbeutel bildeten den Abschluß der Sammlung.

Auf dem Orlopdeck fand man die schwere Kabeltrosse. Sie hatte eine Länge

Unter den vielen Einzelfunden befand sich ein Fäßchen Butter. Nur die äußere Schicht war ranzig; der Schlamm hatte das Fett ausgezeichnet konserviert.

6. Juni 1961: Gustav VI. Adolf (2. v. r.) weilte am schwedischen Nationalfeiertag zwei Stunden lang bei den in der WASA arbeitenden elf Archäologen, Ethnologen und Kunsthistorikern. Dr. Per Lundström erläuterte dem König die bisherigen Forschungsergebnisse.

von 346 Metern und einen Durchmesser von 15 Zentimetern. Ihre Masse dürfte ursprünglich (im trockenen Zustand) etwa zweieinhalb Tonnen betragen haben.

Aus der Bilge wurden letztendlich die als Ballast dienenden Feldsteine entfernt. Alle diese Arbeiten waren wider Erwarten recht zeitaufwendig – der vorgesehene Terminplan schon längst ungültig.[41] Eines Tages war die WASA jedoch von einem großen Teil schwerer Eichenhölzer, von Ballast und Schlamm befreit, so daß sie auf ihren Betonponton verholt werden konnte.

Wieder übernahm Kapitän Hedberg das Kommando. Er ließ, bevor das Dock vollständig geflutet wurde, vier zylindrische Pontons mit einer Hebekraft von je 981 kN an das Regalschiff ankoppeln. Diese Hebeoperation en miniature zeugte erneut von dem Können der NEPTUN-Experten – das Achterschiff passierte die Kielstapel mit kaum mehr als zwei Zentimeter Wasser unter dem Kiel. Nach ihrer endgültigen Eindockung[42] montierte man auf dem Fundament das Stahlgerüst des künftigen Pontonhauses. Erst nach Abschluß dieser Arbeiten konnte die WASA am 26. Juli auf dem Spezialponton zur Nordseite Beckholmens verholt werden.

Die weitere wissenschaftliche Ausgrabung des Schiffsinnern stand nun zwar nicht mehr unter dem Druck der Docktermine, doch zum Schutz gegen Frost und Schnee mußte die WASA bald unter Dach gebracht werden.

Die endgültig eingedockte WASA von achtern gesehen.

In der Zwischenzeit beschäftigte den WASA-Ausschuß die Frage, wo die vorläufige Heimstatt des Regalschiffes sein sollte. Von vornherein war die Wahl eines geeigneten Qrtes eingeengt: Wegen der vielen Brücken kam nur der mit Saltsjön (Salzsee) bezeichnete Gewässerabschnitt in Betracht. Dessen westliche Ufer — vom Danviks-Kanal im Süden bis zur Djurgårds-Brücke im Norden — sind jedoch durchgehend bebaut. Mögliche Liegeplätze waren also nur Kastellholmen, Beckholmen oder Djurgården, wollte man nicht auf die Außenbezirke Stockholms ausweichen. Da das provisorische WASA-Museum für den Besucher gut erreichbar sein sollte, entschied sich der Ausschuß für ein Gelände unterhalb der Liljevalchs-Kunsthalle auf Djurgården.

Am 23. November 1961 traf das Regalschiff Gustav II. Adolf seine vorletzte Fahrt an: Schlepper verholten die in ihrer Aluminiumhalle aufgebockte WASA zu dem vorgesehenen Standort. Ihre letzte Fahrt wird ein reichliches Vierteljahrhundert später sein, um endgültig in dem speziell für sie gebauten Museum ›vor Anker zu gehen‹.

Um das Regalschiff wurde auf dem Ponton ein Stahlgerüst errichtet. Im Vordergrund die zur Aufnahme kleinerer Funde bestimmten provisorischen Lagerungsbehälter.

Bis zu diesem Zeitpunkt konnte die Öf-

Das Regalschiff im Trockendock von der Steuerbordseite gesehen.

Am 26. Juli 1961 verholte man die auf ihren Ponton aufgepallte WASA zur Nordseite Beckholmens.

fentlichkeit die Konservierung und die Anfangsphase des Wiederaufbaus der WASA verfolgen. In den vor dem Pontonhaus errichteten Ausstellungsgebäuden vermittelten ab 16. Februar 1962[43] bereits konservierte und restaurierte Objekte ein Bild von den Kunstfertigkeiten der Schiffbauer des 17. Jahrhunderts…

Das völlig aufgeräumte untere Batteriedeck.

Konservierung: Methoden und Möglichkeiten

»Die modernen Naturwissenschaften, insbesondere die chemischen und physikalischen Verfahren in der Konservierungs- und Restaurierungspraxis, nehmen immer mehr Einfluß auf die archäologische Forschung; sie ermöglichen heute eine umfassende Deutung der ausgegrabenen Objekte.«

Dr. Rolf-Dieter Bleck, Naturwissenschaftler am Museum für Ur- und Frühgeschichte Thüringens, Weimar.

Als die WASA am 24. April gehoben wurde, standen die Wissenschaftler vor einem schwierigen Problem: Zu den bisherigen Funden kamen der Schiffsrumpf, rund 12 000 Einzelstücke des Spantenwerkes, etwa 1 000 Skulpturen und andere Schnitzwerke sowie über 12 000 Ausrüstungsgegenstände vom Schiff und seiner Mannschaft hinzu – sie alle mußten bewahrt und erhalten bleiben.

Etwa 90 Prozent der Holzfunde, vor allem der Schiffsrumpf, sind aus Eiche. Die restlichen 10 Prozent umfassen die Holzarten Kiefer, Fichte, Weide, Birke, Linde, Ahorn, Buche, Esche, Erle, Walnuß, Birne und Apfel. Die Mannigfaltigkeit des verwendeten Materials der übrigen geborgenen Gegenstände ist gleichfalls enorm: Eisen, Bronze, Kupfer, Gold, Silber, Zinn, Leder, Horn, Elfenbein, Schildpatt, Bernstein, Ton (Keramikgefäße und Ziegel) und Textilien.

Obwohl die WASA 333 Jahre auf dem Meeresgrund lag, war sie – wie die vielen

Die untergegangene WASA konnte von der Schiffsbohrmuschel nicht zerstört werden, da *Terédo navalis* in der salzarmen Ostsee nicht zu leben vermag. Die Freßlust des Weichtieres verdeutlicht diese Holzprobe aus einem salzreicheren Gewässer.

Ausrüstungsgegenstände auch — relativ gut erhalten. Dafür gibt es verschiedene Ursachen: Zuerst einmal sei daran erinnert, daß ein gerade fertiggestelltes Schiff untergegangen war. Dann wirkten sich nicht nur die niedrigen Wassertemperaturen, sondern auch die im Hafen vorherrschende Wassertrübung günstig aus — das Wrack blieb von dem bakterienfördernden Kurzwellenlicht verschont. Weiterhin war die WASA keiner zerstörenden Brandung ausgesetzt, der Hafengrund wurde selbst bei starken Stürmen nicht aufgewühlt. Schließlich besitzt der Schlamm gewisse konservierende Eigenschaften, außerdem vermag in der salzarmen Ostsee die Schiffsbohrmuschel *Teredo navalis* nicht zu existieren — das vom Schlick bedeckte Wrack war ihrer Freßlust also nicht ausgesetzt.

Die sich unter Licht- und Luftabschluß befundenen Hölzer gelangten plötzlich ans Tageslicht. Wenn man nicht sofort geeignete Schutzmaßnahmen eingeleitet hätte, wäre folgendes geschehen: Unter der Einwirkung des Sauerstoffs und des Lichts dunkelt das mit Wasser vollgesogene Holz nach. Das Wasser in dem Zellgewebe beginnt zu verdunsten. Dieser Prozeß vollzieht sich ungleichmäßig von der Holzoberfläche her. Das Zellgefüge, das seines stützenden Wassers beraubt wird, ist nicht mehr elastisch genug, um sich selbst zu tragen. Es bricht zusammen. Die im Holz vorhandene Spannung gibt unterschiedlich nach, und es kommt zu Rißbildungen. Durch diese Risse trocknet das Holz von innen her aus. Es verformt sich so, daß die ursprüngliche Form bald nicht mehr wiederzuerkennen ist.

Als erste Maßnahme wurden deshalb alle losen Funde in abgedunkelten Behältern unter Wasser aufbewahrt. Um Fäulniserscheinungen vorzubeugen, setzte man dem Wasser ein Fungizid zu. Die größten Kopfzerbrechen bereitete den Konservatoren aber der gewaltige Schiffsrumpf. Da dieser bis zu Beginn der kalten

Wassergetränktes und ohne Konservierungsmittel behandeltes Holz nach dem Trocknen.

Jahreszeit im Freien bleiben mußte (nur wenige Stunden Sonneneinstrahlung hätten genügt, die angegriffene Oberflächenschicht zu gefährden), blieb ihnen nichts weiter übrig, als dafür zu sorgen, daß er ständig mit Wasser besprüht wurde. Pro Minute ergossen sich 20000 Liter (!) über ihn.

Die nächste Aufgabe bestand darin, eine Untersuchung des Holzes vorzunehmen, um die beste Behandlungsmethode herauszufinden. Das Holz war auf verschiedene Art und Weise beeinflußt worden. Während die unteren Teile des Rumpfes sehr hart und widerstandsfähig waren, zeichnete sich bei den urspünglich vom Schlamm nicht bedeckten Aufbauten ein gewisser Fäulnisprozeß der Oberflächenschicht ab. Diese äußere Schicht wies eine Dicke von einem bis zwei Zentimetern auf. Das Grundgewebe war teilweise zerstört – allerdings nicht so stark an den Stellen, wo sich die inzwischen vom Rost zerfressenen eisernen Bolzenverbindngen befanden.

Die chemische Zusammensetzung der Proben aus den inneren Schichten entsprach annähernd der vom normalen Holz. Dagegen war die äußere Schicht einem deutlichen Wandel unterworfen. Der hohe Ligninanteil (WASA-Eichenholz 62 Prozent, frisches Eichenholz 27,5 Prozent) spiegelt den ungewöhnlich hohen Zelluloseverlust während der langen Lagerungszeit im Wasser wider.

Die Farbe des Eichenholzes variierte sehr stark. Der überwiegende Teil war sehr dunkel, aber einige Stücke sahen wie frische Eiche aus. Auch zeigte sich, daß der Eisengehalt der sogenannten Schwarzeiche 0,2 Gewichtsprozent betrug, während er in den helleren Teilen 0,01 Gewichtsprozent ausmachte, bezogen auf das Trockengewicht des Eichenholzes. Die verschiedenen Holzarten sind unterschiedlich widerstandsfähig. Eichenholzgegenstände waren innen sehr gut erhalten, alle Birkenholzfunde dagegen stark zerstört. Entsprechend dem Zerfallsgrad variierte der Feuchtigkeitsgehalt prozentual zum Trockengewicht des Holzes. So waren Schwankungen zwischen 150 und 800 Prozent oberhalb der normalen Werte im gleichen Stück Eichenholz festgestellt worden. Bei Birkenholz betrug dieser Überschuß häufig über 1000 Prozent.

Zwei Dinge ließen sich in diesem Zusammenhang leicht lösen: Der Schutz gegen Fäulnis und gegen holzzerstörende Insekten. Ersterer ist nur von Bedeutung, solange der Wassergehalt des Holzes in dem Bereich liegt, der den Pilzen *Ascomycetes* und *Fungi Imperfecti* optimale Lebensbedingungen bietet. Und Kerbtiere können leicht bekämpft werden.

Die Analyse physikalischer Eigenschaften des WASA-Eichenkernholzes hatte folgendes Ergebnis (Durchschnittswerte von zehn Proben; zum Vergleich die Festigkeitswerte von frischem Eichenholz):

Eigenschaften	WASA-Eiche	Frische Eiche
Dichte (in kg/m³)	460	650
Druckfestigkeit in Richtung der Maserung (in kN/cm²)	1,68	2,97
Biegefestigkeit (in kN/cm²)	3,43	5,94
Härte senkrecht zur Richtung der Maserung (in kN/cm²)	2,79	4,41
Widerstandsfähigkeit gegen Stoß (in kN/cm²)	0,35	1,30

Hieraus ist ersichtlich, daß die Bindung in der Maserung der WASA-Eiche erheblich geschwächt war.

Mehr Sorgen bereitete den Wissenschaftlern die zu erwartende Schrumpfung. Bei frischem Holz beginnt sie ungefähr beim Sättigungspunkt der Fasern, das heißt bei einem Feuchtigkeitsgehalt von etwa 30 Prozent. Beim WASA-Holz würde ein beträchtlicher Schrumpfungsprozeß im Bereich von mehr als 400 Prozent Feuchtigkeitsgehalt bei den am meisten in Mitleidenschaft gezogenen Teilen eintreten, bei den anderen Teilen (im Bereich um 100 Prozent Feuchtigkeitsgehalt) ein entsprechend geringerer. In Zusammenhang mit dem Schrumpfen mußte auch das mögliche Schwellen des Holzes, das 333 Jahre im Wasser gelegen hatte, gesehen werden, es hätte genau ein Prozent betragen können.

An Probestücken des Schiffsrumpfes, die bei normaler Raumtemperatur ohne Einwirkung des Sonnenlichtes oder anderer Wärmequellen getrocknet wurden, traten Schrumpfungen von 15 Prozent und mehr auf. Alle Untersuchungen ergaben, daß eine Erhaltung des WASA-Rumpfes ohne Konservierung nicht möglich war.

Die Konservatoren standen vor der schwierigen Entscheidung: Entweder den Rumpf in seine Bestandteile zerlegen und diese nach einer erfolgreichen konservatorischen Behandlung später wieder zusammensetzen oder ihn insgesamt konservieren. Letztere Variante wurde vorgezogen, obwohl ein archäologischer Fund aus organischer Substanz von solch großem Umfang bis dahin noch nicht konserviert worden war. Es lagen also keine Erfahrungswerte vor, und man mußte schnell eine Methode finden, um die mehr als 15000 Quadratmeter große Außenfläche des Rumpfes sowie die etwa gleich große Innenfläche (Volumen 900 Kubikmeter) kontinuierlich mit geeigneten Konservierungsmitteln behandeln zu können.

Für welches Konservierungsmittel sollte man sich jedoch entscheiden? In den Museen, die sich mit der Erhaltung von Feuchtholzfunden beschäftigen, wurden zu diesem Zeitpunkt verschiedenartige Konservierungsmethoden angewendet:

1. Das Austrocknen des Holzes im Gefrierzustand.
2. Die Entwässerung des Holzes mit Tertiär-Butylalkohol und anschließender Vereisung.
3. Die Behandlung mit Alaun.
4. Die Konservierung mit Celodal (dieses in Leverkusen hergestellte Harz ist besonders für die Konservierung von Moorholzfunden geeignet).
5. Die in der VR Polen übliche Holz-»Versteinerung« mit Hilfe des elektrischen Stroms (Petrifikation).
6. Die Festigung des Zellgerüstes mit Arigal C (ein Melamin-Formaldehyd-Kondensationsprodukt aus der Schweiz).
7. Die Holzkonservierung mit Piazep ME/2 (dieses vom VEB Stickstoffwerk Piesteritz produzierte wasserlösliche Melamin-Formaldehyd-Harz ist in jenen Jahren im Weimarer Staatlichen Museum für Ur- und Frühgeschichte Thüringens aus dem Typ M 1/45 entwickelt worden).[44]

Für die Wissenschaftler stand nach den durchgeführten chemischen und physikalischen Analysen des WASA-Holzes fest, daß sie mit den bekannten Konservierungsmethoden kaum den gewünschten Erfolg erzielen würden.

Im eigenen Land fanden seit längerem Versuche mit Polyäthylenglykol(PEG)[45] statt. Die Herstellerfirma »Mo & Domsjö AB« stellte dem WASA-Ausschuß ihr Mittel zur Verfügung. Der Polymerisationsgrad des PEG kann vom Molekulargewicht 400 (flüssig bei Zimmertempertur) bis zu 10000 (sehr hart) variiert werden. Andere gewichtige Faktoren sind die Konzentration des PEG, die Wahl des beigefügten Mittels gegen Schmarotzerpilze, die Temperatur, die Anwendungsmethode und das verwendete Lösungsmittel.

Die Labortests fielen positiv aus, so daß man sich für die Anwendung des PEG entschloß. Anfangs wurde die Behandlung des Holzes mit einer Konzentration des PEG 4000 von 30 Prozent bei einer Badtemperatur von 25 Grad Celsius durchgeführt. Langsam erhöhte man die Temperatur, bis sie schließlich 90 Grad Celsius erreicht hatte und die Konzentration auf 100 Prozent gestiegen war.

Bald zeigte sich aber, daß bei dieser PEG-Anfangskonzentration das Zellgewebe des Holzes abgeblockt wurde, so daß das Konservierungsmittel nicht weiter eindringen konnte. Dies war besonders bei Eichenkernholz der Fall. Deshalb wurde bei weiteren Arbeiten eine Anfangskonzentration des PEG von fünf Prozent bei einer gleichbleibenden Temperatur von 60 Grad Celsius gewählt. Das erwies sich als vorteilhaft. Die Versuche ergaben auch, daß sich eine 15prozentige Lösung des PEG 1500 besser für die Konservierung eignet als PEG 4000.[46]

Eine Erhöhung der PEG-Konzentration auf 100 Prozent führte zu einem zu heftigen Trocknen des Holzes und senkte den Feuchtigkeitsgehalt auf ein nicht erwünschtes Maß. Es erwies sich als nützlich, den Wassergehalt des Holzes nur soweit zu senken, bis das Gleichgewicht mit der im Museum zu erwartenden Luftfeuchtigkeit erzielt wurde, weil das Holz bei einem niedrigen Luftfeuchtigkeitsgrad

Bis zum Februar 1965 wurden täglich innerhalb von fünf Stunden alle Teile des Schiffsrumpfes mit PEG besprüht. Im Pontonhaus betrug die relative Luftfeuchtigkeit 95 Prozent.

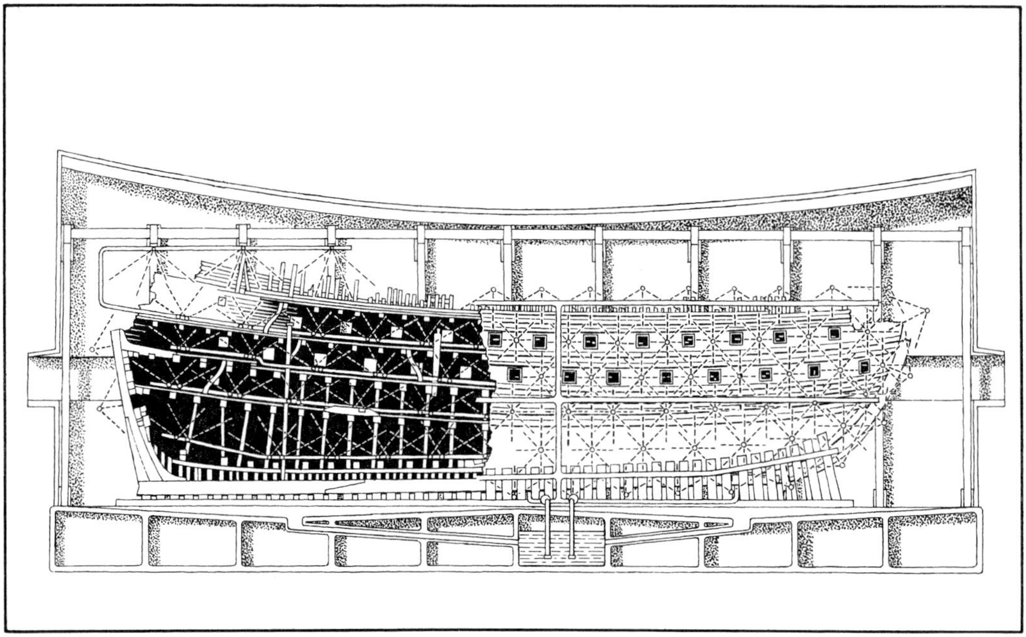

Ab März 1965 stand den Wissenschaftlern für die Behandlung des Schiffsrumpfes eine programmgesteuerte Anlage zur Verfügung. An und im Schiffsrumpf waren Düsen so angebracht, daß alle Rumpfteile gleichzeitig mit PEG besprüht werden konnten.

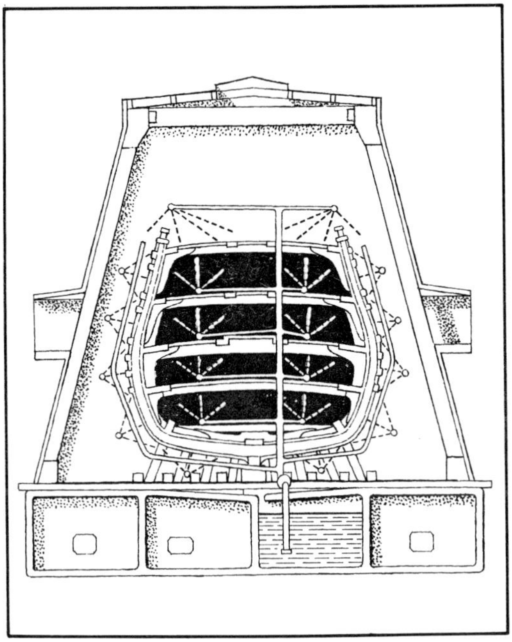

seinen Wassergehalt erneut erhöhen würde, was dann zu Spannungen des Holzkörpers führen würde.

Um eine Fäulnis verhindern zu können, wurde das sehr wirksame Natriumpentachlorphenolat erprobt. Der Nachteil bestand darin, daß sich dieses Salz nicht nur im Wasser niederschlägt, sondern auch in wäßrigen PEG-Lösungen. Es bildet sich dabei das unlösliche Pentachlorphenol, das keine Durchdringungseigenschaften besitzt. Deshalb entwickelten die WASA-Konservatoren eine neue Zusammensetzung von Fungiziden mit PEG. Als Zusatz verwendete man Borax und Borsäure. Dieses Konservierungsmittel hat eine gute Durchdringungskraft und schützt das Holz ausgezeichnet gegen Pilze und Insekten. Das Mittel wirkt gleichzeitig rostverhütend, ist feuersicher und für den Menschen unschädlich.

Unmittelbar nach der Schiffsbergung begannen die Vorbereitungsarbeiten für die Konservierung: Nachdem alle losen Funde an Bord von den Archäologen sichergestellt waren, wurden die Decks, die Beplankung, das Schiffsinnere grob gewaschen. Sehr schwierig erwies sich dies zwischen der Beplankung und der inneren Wandung, denn dieser Raum betrug nur wenige Zentimeter. Um eine einwandfreie Reinigung zu gewährleisten, wurden einige Decksbalken, Bilgenbalken und ein zwischen den unteren Stückpforten verlaufender Plankenträger entfernt.

Um das Problem der Rumpfkonservierung zu lösen, das bisher technisch als undurchführbar galt, wurde zunächst ein Provisorium geschaffen.[47] Am Ufer wurde ein Behälter mit einem Fassungsvermögen von 3000 Liter installiert. Hier konnten die Konservierungsflüssigkeit leicht abgefüllt, gemischt und die verbrauchten Mengen registriert werden. Aus dem Tank wurde das Konservierungsmittel pneumatisch durch eine Rohrleitung gepumpt, die außerhalb und innerhalb des Rumpfes verlief. In regelmäßigen Abständen waren Schnappverbindungen angebracht, an denen Schläuche und Sprühdüsen angeschlossen werden konnten. Mit diesem System war es möglich, durch fünf Konservatoren in fünf Stunden eine vollständige Behandlung des Schiffsrumpfes vornehmen zu lassen. Bis Ende Februar 1965 wurde diese Behandlung einmal täglich vorgenommen und eine relative Luftfeuchtigkeit in dem Pontonhaus von 95 Prozent gehalten. Dadurch sollte das Austrocknen des Holzes verzögert und eine maximale Absorption des Konservierungsmittels erzielt werden. Von April 1962 bis Februar 1965 wurden der Grad und die Tiefe der Durchdringung des Schiffsrumpfes gemessen. Die Behandlung ergab eine zufriedenstellende Eindringungstiefe des PEG bis zu 18 Zentimeter (die Spanten weisen beispielsweise einen Durchmesser von 45 Zentimeter auf), aber nicht die gewünschte aufgenommene

Menge PEG im Holz. Deshalb wurde im März 1965 ein neues Konservierungssystem eingeführt. Es handelte sich um eine programmgesteuerte Anlage mit geschlossenem System. An den beiden Seiten des Schiffsrumpfes wurden 175 Sprühköpfe und im Rumpf 96 sogenannte Wiegen (das Funktionsprinzip ähnelt einem Rasensprenger) mit zusammen 192 Sprühköpfen so angebracht, daß jeder Teil der WASA von der Konservierungsflüssigkeit erreicht werden konnte. Periodisch wurden jeweils 4 Tonnen PEG, insgesamt innerhalb von 24 Stunden 128 Tonnen PEG über das Schiff gesprüht. Am Tage erfolgte, um die Restaurierungsarbeiten nicht zu behindern, die Besprühung nur fünfmal, während in den Nachtstunden die Anlage öfter in Funktion trat. Zu der kompletten Apparatur gehörten 600 Meter Rohrleitungen und 800 Meter Schläuche.

1972 durchgeführte Probeuntersuchungen zeigten, daß die inneren Holzschichten kein PEG mehr aufnehmen konnten. Die Intensivphase war damit abgeschlossen. Es folgte eine Nachbehandlung mit PEG 4000, die sich vor allem auf die Imprägnierung der Außenflächen konzentierte. Ende 1979 konnte schließlich die Konservierungsanlage demontiert werden. Bis etwa Mitte 1980 wurde nur noch an einzelnen Stellen im Schiffsinnern mit der Handpumpe Konservierungsmittel über die Balken gesprüht.

Für die Konservierung der losen Holzfunde wandte man in der ersten Zeit[48] zwei Arbeitsverfahren an: Bei der diskontinuierlichen Methode wurden die Objekte in ein Bad mit bestimmter Anfangstemperatur und -konzentration des Konservierungsmittels getaucht. Danach gelangten sie in ein weiteres Bad mit Konservierungsmitteln höherer Temperatur und Konzentration. So erfolgte die Konservierung Schritt für Schritt, bis die vorgesehene Endtemperatur und -konzentration errreicht waren. Die Nachteile dieses Verfahrens lagen in dem großen Zeitaufwand, der dauernden Lageveränderung der Objekte und darin, daß die Funde bei jedem Wechsel an die Luft gelangten.

Blick in den großen Arbeitsraum der Konservierungsabteilung.

Etwa eineinhalb Jahre mußten die Skulpturen in den mit PEG gefüllten Behältern verbleiben.

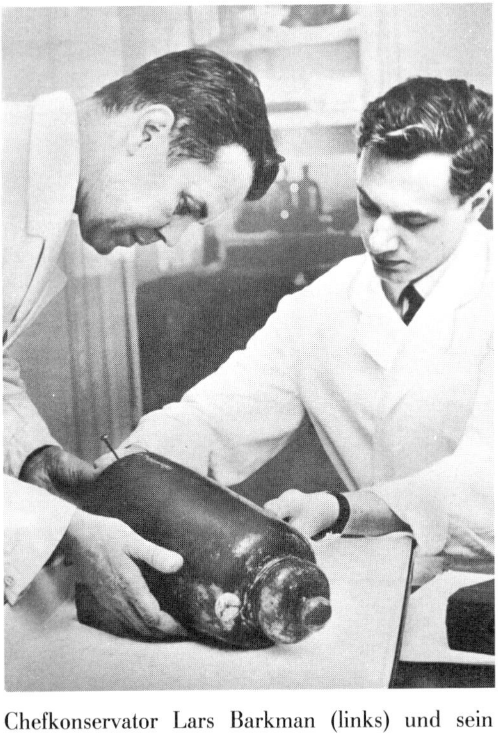

Chefkonservator Lars Barkman (links) und sein Mitarbeiter Bo Lundvall beim Punktieren einer aus Birkenholz gefertigten Flasche.

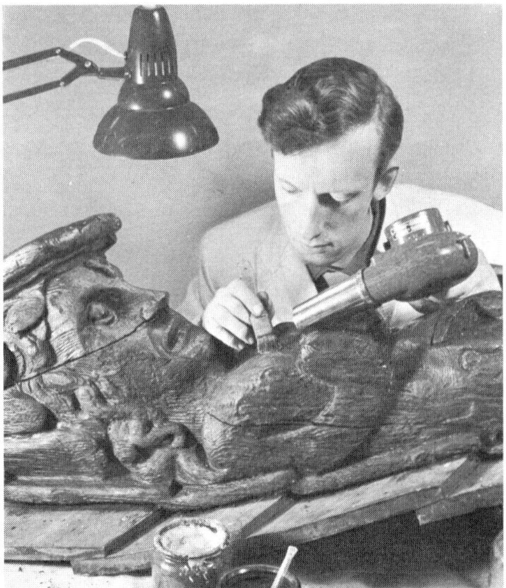

Nach dem Konservierungsbad begann für die Skulpturen der etwa sechs Monate dauernde Trocknungsprozeß. Während dieser Zeit wurde die Oberfläche der Schnitzwerke mehrmals mit einer PEG-Lösung bestrichen und gleichzeitig durch Heißluft (Fön) getrocknet.

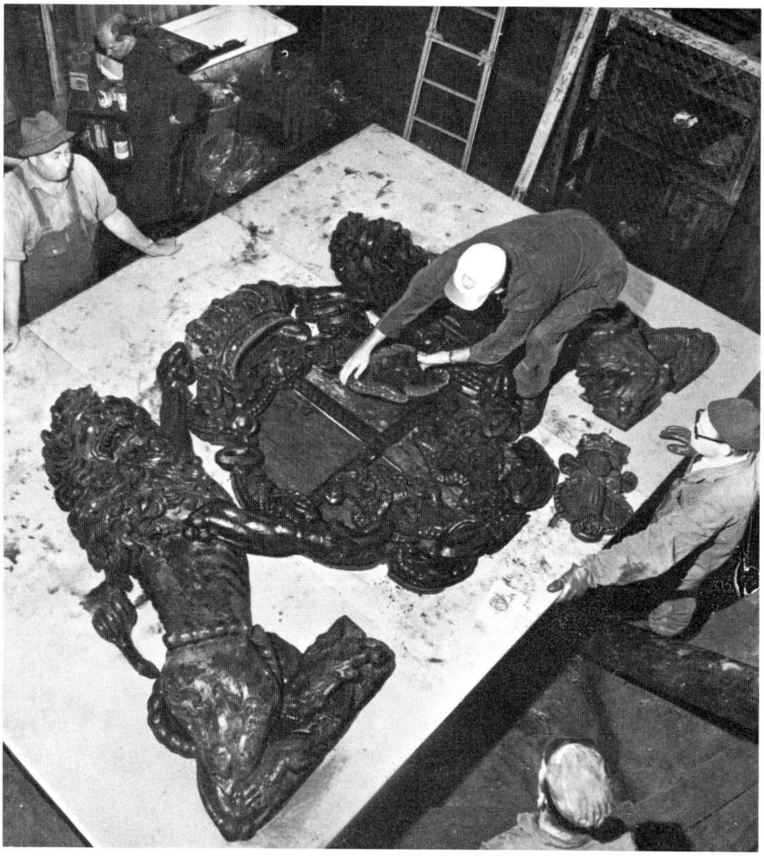

Sobald der Konservierungsprozeß beendet war, fügte man die einzelnen Teile des Reichswappens zusammen.

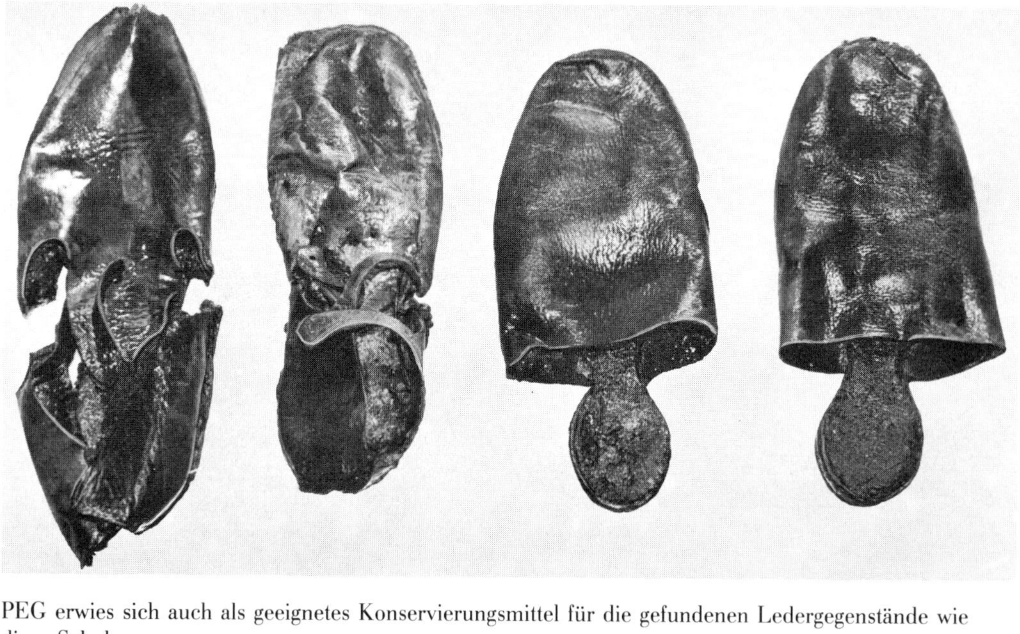

PEG erwies sich auch als geeignetes Konservierungsmittel für die gefundenen Ledergegenstände wie diese Schuhe.

Lederhandschuhe.

Geldbeutel aus Leder.

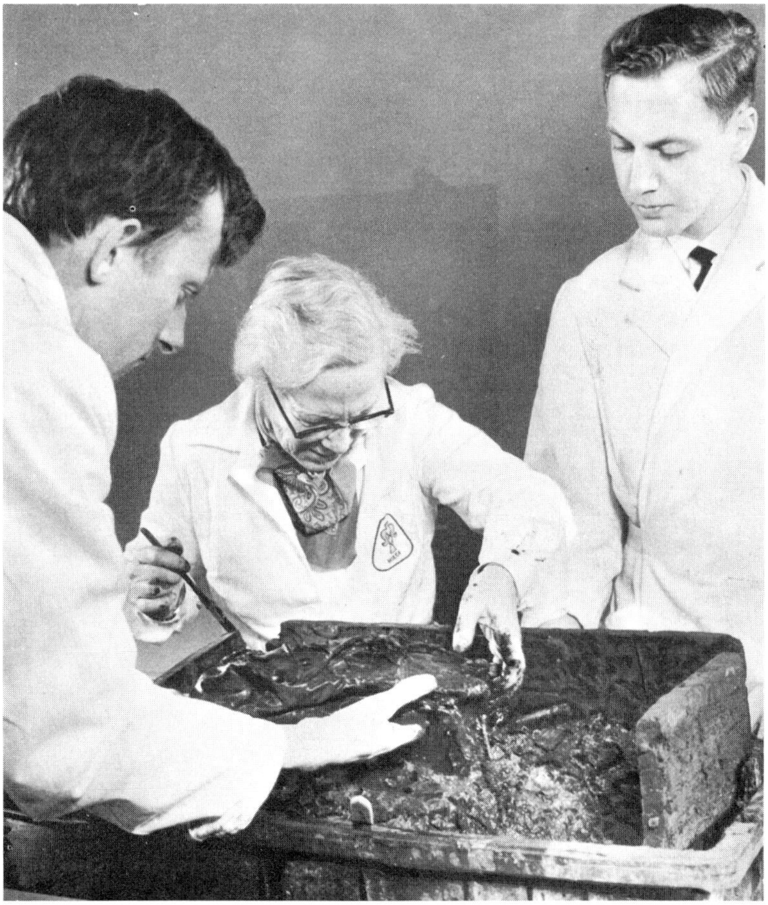

Die sorgfältige Säuberung dieser Seemannskiste nahm etwa eine Woche in Anspruch.

Bereits konserviertes Holzgefäß, das während der Trocknungsperiode von einem Holzrahmen zusammengehalten wurde.

Hinzu kam, daß durch den häufigen Transport die zu konservierenden Gegenstände beschädigt werden konnten. Für große Funde, zum Beispiel die 11,7 Meter langen Decksbalken, war dieses Arbeitsverfahren nicht geeignet. Es hätten nämlich ebenso viele große Behälter vorhanden sein müssen wie Konzentrationssteigerungen für den Prozeß notwendig waren, und das war ökonomisch und räumlich nicht vertretbar.

Hauptsächlich wurde deshalb nach der zweiten, der kontinuierlichen Methode verfahren. Die Objekte kamen in einen leeren Behälter, der anschließend mit PEG 4000 gefüllt wurde. Der Schmelzpunkt bei diesem Typ Glykol liegt relativ hoch, bei etwa 55 Grad Celsius. Damit das Holz eine ausreichende Menge PEG aufnehmen konnte, wurde die Konzentration während der ersten zwölf Monate nur langsam erhöht – um $1\frac{1}{2}$ Prozent in 24 Stunden. In den folgenden fünf Monaten erhöhte man die Konzentration täglich um $\frac{1}{5}$ Prozent, im letzten Monat schließlich um täglich $\frac{1}{2}$ Prozent. Bei der hohen Anfangstemperatur brauchten Borax und Borsäure nicht zugesetzt zu werden, da der Prozeß an sich wirksam genug war, um Fäulniserscheinungen auszuschließen.

Nach dem Konservierungsbad mußten die Holzfunde langsam trocknen. In dieser Periode wurden sie regelmäßig mit einer wäßrigen Glykollösung bestrichen. Nach abgeschlossener Trocknung trat eine Gleichgewichtslage ein. Nun konnte die endgültige Oberflächenbehandlung einsetzen. Der Feuchtigkeitsgehalt der fertig konservierten Gegenstände betrug 10 bis 20 Prozent. Jetzt war man sicher, daß keine weitere Veränderung bei den Holzfunden eintreten würde; vorausgesetzt, sie würden unter günstigen Bedingungen, das heißt unter der in Museen geforderten Zimmertemperatur und Luftfeuchtigkeit aufbewahrt.

Obwohl man der Holzkonservierung besonders große Aufmerksamkeit zollte, wurden die übrigen, aus unterschiedlichem Material bestehenden Fundgegenstände in keiner Weise vernachlässigt. Allerdings gab es für die meisten Materialien bereits international bewährte Konservierungsmethoden, so daß die Erhaltungsarbeiten bei solchen Funden relativ komplikationslos verliefen (die in der WASA gefundenen Lederstiefel und -schuhe konnten ebenfalls mit PEG erfolgreich präpariert werden).

Problematisch erwies sich die konservatorische Behandlung des Segeltuches. In der Segellast (sie liegt achtern im Troßdeck) wurden zusammen mit dem Segel des großen Beibootes und dem Besan-Bonnet die bei der Jungfernfahrt nicht gesetzten sechs Segel des Regalschiffes entdeckt: Blinde, Oberblinde, Großsegel, Vorbram- und Großbram- sowie Kreuzsegel – insgesamt etwa 600 m^2 Segelfläche.

Das präparierte Besan-Bonnet.

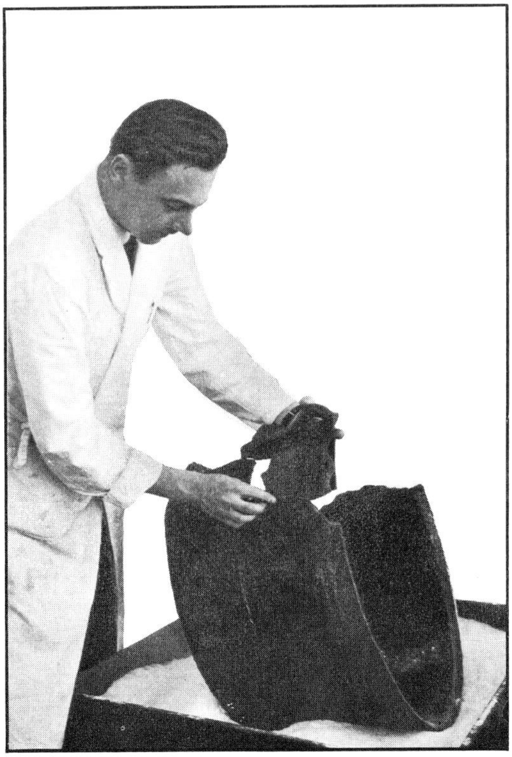

Eiserner Kessel. Um ein erneutes Rosten zu verhindern, sind alle Eisenfunde nach der Konservierung mit organischem Nitrit und Acrylat behandelt worden.

Nach sorgfältiger Reinigung wurden sie mit Alkohol und Xylol behandelt, weil sie sich sonst beim natürlichen Austrocknen weiter zersetzt hätten (das Entfalten und das Säubern der Textilien geschah unter Wasser in großen, flachen Wannen). Da das Segeltuch brüchig war, wurde es unter Verwendung von 2-Äthylhexylacrylat, Isobutylacrylat und eines Styrol-Kunststoffes, den die Konservatoren selbst herstellen, auf ein Stützgewebe aus Glasfiber aufgetragen. Dieser Kunststoff schützt das Segeltuch vor Luft und ultraviolettem Licht. Er und die Glasfiber haben den gleichen Brechungsindex, daher bleibt das Stützgewebe unsichtbar.

Die eisernen Fundstücke warfen gleichfalls Proleme auf: Während die schmiedeeisernen bis auf einige wenige Fragmente völlig zersetzt waren, wiesen die gußeisernen Fundstücke starke Verrostungserscheinungen auf. Da bei letzteren der ursprüngliche Kohlenstoffgehalt viel höher lag als im Schmiedeeisen, hatte sich das Gesamtgewicht zwar verringert, das Volumen und die Form blieben aber bewahrt

Schnitt durch eine korrodierte Kanonenkugel mit 10,5 Zentimeter Durchmesser.

Die Laderäume der außer Dienst gestellten MENJA dienten als Depot für alle katalogisierten und bereits konservierten 25 000 Einzelteile. Im Vordergrund einige im Freien aufgestellte Konservierungsbehälter.

(beispielsweise stieg in einem Fall der Kohlenstoffgehalt des Gußeisens von 3,5 auf 35 Prozent an, wogegen der Eisengehalt von 95 auf 25 Prozent gesunken war). Werden solche Gegenstände längere Zeit der Luft ausgesetzt, rosten sie sehr schnell weiter, und der endgültige Zerfall ist bald abzusehen. Man legte sie deshalb sofort nach der Bergung in mit Wasser gefüllte Behälter. Derartige Funde wurden gleichfalls unter Wasser gereinigt. Anschließend, ab Januar 1965, kamen sie der Reihe nach in den MAX-SIEVERT-OFEN (ein speziell dafür konstruierter Ofen, nutzbarer Raum 23 x 126 cm; 23 kW; maximale Temperatur 1 200 °C), wo bei 1 060 Grad Celsius in einer Wasserstoffatmosphäre die schädlichen Chlorverbindngen eliminiert und das Eisen in seinen ehemaligen Zustand versetzt wurde. Bei dieser automatischen Konservierung wird Eisenoxid mit Hilfe von Wasserstoff und Kohlenmonoxid bei hoher Temperatur zu Eisen reduziert. So konnten zum Beispiel etwa

Eisenrückstand (in %)	Anteil der Geschosse (in %) (auf der Grundlage von 600 Stück)
2,0	3
12,5	9
27,5	9
40,0	11
52,0	17
67,5	27
85,0	17
90,0	6

Blick in einen Laderaum der MENJA.

600 Kanonenkugeln, die einst zwölf Kilogramm wogen, den Ofen verlassen. Heute sind die Geschosse im günstigsten Fall nur noch acht Kilogramm schwer. Viele haben keinen Eisenkern mehr, sie sind leicht wie ein Tennisball. Die Konservierung solcher Kugeln erwies sich als besonders kompliziert, da sie mitunter zerfielen.

Übersicht auf S. 98 verdeutlicht den Zustand der Kanonenkugeln vor der Reduktion.

Die von einer Kanonenkugel (Fundnummer 16846) angefertigte chemische Analyse läßt den im MAX-SIEVERT-OFEN stattgefundenen Umwandlungsprozeß erkennen:

Probe	Kohlenstoffgehalt (in %)		Eisengehalt (in %)	
	vor Reduktion	nach Reduktion	vor Reduktion	nach Reduktion
1	16,3	10,6	15,5	83,5
2	16,7	16,4	28,0	79,0
3	16,1	16,6	28,5	79,5
4	16,5	14,8	38,0	81,0
5	17,0	13,6	42,0	82,5
6	17,6	12,7	51,5	83,5

Anmerkung: Die sechs Proben stammen aus verschiedenen Geschoßschichten; Probe Nr. 1 von der Oberfläche, Probe Nr. 6 aus der Mitte.

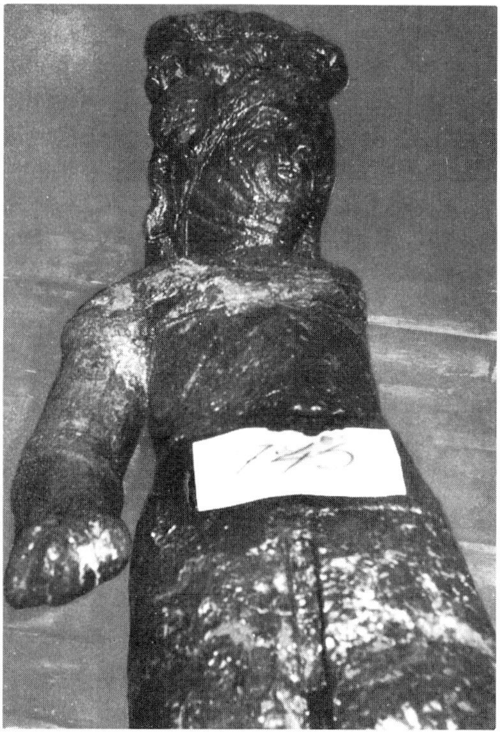

Die gerade aus der Konservierungsabteilung zum Einlagern angelieferte Skulptur (mannshoher Krieger vom Heckspiegel, Fundnummer 745).

In vielen Fällen trocknete man im Ofen auch Funde unter Verwendung von Stickstoff als Schutzgas. Eisengegenstände, die wegen ihrer Größe nicht in den Ofen hineinpaßten, wurden nach der von Ingenieur Åke Bressle erfundenen Lithium-Methode konserviert. Um ein späteres Rosten zu verhindern, wurden die Eisenfunde abschließend mit organischem Nitrit und Acrylat behandelt.

Zu den an Bord entdeckten Gefäßen zählen viele Zinnbehälter. Ihr vom Ostseewasser verunreinigter Inhalt hatte einen pH-Wert zwischen 1,8 und 3,3. Außerdem konnten Schwefelsäure, Chloride, Zinn und Eisen registriert werden. Eine Ausnahme bildete der Fund 17346: In dem Zinnkanister befanden sich 1,3 Liter einer golden aussehenden und geringfügig nach Anis riechenden Flüssigkeit. Die chemische Untersuchung des ›Likörs‹ erbrachte neben den üblichen Korrosionsprodukten Zinnoxid, mit Bestandteilen von Bleisulfat und rotem Bleioxid sowie Spurenelementen von Wismut, Antimon, Kupfer, Silber, Nickel und Arsen (graues Zinn konnte nicht nachgewiesen werden!) den Nachweis, daß er 33 Volumenprozent Äthylalkohol hatte. Farb- und UV-Vergleichstests mit zehn verschiedenen handelsüblichen Alkoholika ergaben, daß der ›Schnaps‹ des 17. Jahrhunderts in seiner Zusammensetzung am ehesten unserem heutigen Rum ähnelte. Einige der konservierten Objekte, vor allem Skulpturen, wurden in dem povisorischen WASA-Museum ausgestellt, die übrigen in dem Laderaum eines ausgedienten Schiffes, der MENJA, solange aufbewahrt, bis der Restaurator sie für den Wiederaufbau der WASA benötigt.

Das einstige Prachtschiff wird restauriert

»Die WASA ist das einzig bewahrte Zeugnis der Schiffbaukunst des 17. Jahrhunderts und bildet daher einen äußerst wertvollen Gewinn für unsere seehistorischen und schiffbautechnischen Kenntnisse. Zum ersten Mal kann die Nachwelt an einem Original verfolgen, wie es beim Bau eines Schiffes vor 350 Jahren zuging.«

Gustav VI. Adolf, König von Schweden; 1950–1973.

Je weiter die konservatorische Behandlung der WASA voranschritt, desto breiteren Raum nahm ihre Restaurierung ein. Zuerst galt es, die bei der provisorischen Eindockung am 4. Mai 1961 eingetretene leichte Deformierung des Rumpfes zu beseitigen. Obwohl Taucher bekanntlich fast alle durchgerosteten Eisenbolzen durch Holzpflöcke ersetzt hatten, waren die Verbindungen insgesamt nicht stabil genug, um den mit Schlamm und Ballast gefüllten schweren Rumpf vor Deformierungserscheinungen zu bewahren. Neue Bolzen ließen sich nicht sofort einsetzen, da die ursprünglichen Löcher sich teilweise gegeneinander verschoben hatten. Mit Hilfe von 15 Winden konnten nach sechs Monaten die Seitendeformation aufgehoben und 5000 neue Metallbolzen in die alten Löcher getrieben werden.

Das Grundprinzip des Wiederaufbaus, ihn möglichst mit Originalstücken vorzunehmen, konnte im wesentlichen eingehalten werden. Nur in wenigen Ausnahmefällen, wenn Form und Aussehen gewisser Teilstücke bekannt war, griff man auf Nachbildungen zurück.

Platz und Funktion von tausenden Teilstücken festzulegen, erforderte endlose Geduld. Da die beiden Schiffsseiten identisch sind, war es oft möglich, einzelne Teilstücke über das Gegenstück zu bestimmen.

Sämtliches Beiwerk, wie zum Beispiel die Bildwerke am Galion, am Heckspiegel und an den Längsgalerien, war ursprünglich angenagelt gewesen. Die damaligen Handwerker sparten dabei nicht mit Nägeln und schlugen sie offensichtlich ohne System ein. Das besondere Muster dieser Nagellöcher ermöglichte es, den ehemaligen Platz der Schnitzereien zu bestimmen. Eine Entdeckung führte zur anderen, Stück für Stück wurde die Bauweise der WASA in allen Details erkennbar. Für die Konstruktion des Schiffes waren die Skulpturen von untergeordneter Bedeutung. Mitunter übten sie allerdings praktische Funktionen als tragende oder stützende Elemente aus. Ihre eigentliche Aufgabe bestand jedoch darin, gewissen Bauteilen einen künstlerischen Akzent zu geben, Linien und Kurven zu markieren sowie ebene Flächen zu beleben. Sie spielten in erster Linie eine ästhetische und psychologische Rolle. Durch prächtiges Aussehen und verkörperte Symbolik sollte das Regalschiff die Macht Schwedens zum Ausdruck bringen und den Feinden Schrecken einjagen.

Das stark zerstörte Achterkastell bereitete die größten Schwierigkeiten. Aber auch hier standen genügend Originalteile zur Verfügung, die einen realistischen Wiederaufbau gestatteten. Dabei ergab sich, daß der Heckspiegel mit 20 Metern

Während der Restaurierungsarbeiten am äußeren Schiffsrumpf zierte eine Kopie des Reichswappens das Heckbord. Darunter ist bereits das mittelste der Original-Maskaronen angebracht. Diese schmücken die vier kleinen rundbogigen Fensteröffnungen.

höher war, als es von zeitgenössischen Darstellungen her bekannt ist. Der nach oben hin wesentlich schmaler werdende Spiegel mißt an seinem höchsten Punkt nur dreieinhalb Meter. Während seine obere Hälfte mit Skulpturen reich dekoriert ist, sind an dem unteren Teil, dem sogenannten ›Wasserspiegel‹, nur wenige Bildwerke angebracht. Hier dominiert das mit einem aufrechtstehenden Löwen[49] verzierte gewaltige Ruder. Versuche haben gezeigt, daß es sich nur etwa sieben Grad

Der reich geschmückte rekonstruierte Heckspiegel (▬ = 1 Meter).

Zwei Cherubinen stützen »des Königs gebräuchliches und bekanntes Stammwappen« (Fundnummern 926, 956 und 979).

nach beiden Seiten drehen ließ. Bei größeren Kursänderungen mußte das Schiff also durch Brassen der Segel gesteuert werden. Die obere Hälfte des Heckspiegels wird — nach holländischem Vorbild — von den beiden Heckgalerien (untere und obere) geprägt. Mehrere große Konsolen, überwiegend schlanke Frauengestalten darstellend, tragen die untere elegant geschwungene Galerie. Ihren unteren Teil zieren sechs römische Krieger und König David.[50] An dem oberen, 1,70 Meter hohen Bord ist in der Mitte »des Königs gebräuchliches und bekanntes Stammwappen«[51] angebracht. Zwei Cherubinen stützen es. Links und rechts daneben befinden sich zwei große Fenster, flankiert von jeweils zwei aus Kiefernholz geschnitzten Kriegern in zeitgenössischer Rüstung. Die an den Außenseiten stehenden beiden Krieger vervollständigen das Ensemble.[52]

Die obere Heckgalerie ist kleiner, sonst aber auf die gleiche Weise wie die vorige konstruiert. Unterhalb sind sieben römische Krieger, oberhalb fünf rechteckige Maskaronen plaziert, zwischen letzteren erkennt man vier kleine rundbogige Fensteröffnungen.

Der über der oberen Galerie anschließende Heckteil wird von zwei 4,90 Meter langen, reichverzierten Pfosten eingerahmt. Der auf der Steuerbordseite angebrachte ist ein Original[53], der auf der Backbordseite befindliche eine Nachbildung. Diese Eckpfosten waren für die Spiegelkonstruktion recht bedeutend, außerdem spielten sie eine wichtige Rolle in der ästhetisch bedingten Harmonie der Achterpartie. Der oberste Heckbord — der Abschluß des Achterspiegels — ist zwei Meter hoch, 3,20 Meter breit, nach oben abgerundet und nach unten etwas geschwungen. Er besteht aus 15 geschnitzten Teilen, die zu einem Bildwerk zusammengesetzt worden waren[54]: Zwei Greife

Auf den Wulfplanken sind über einer Zierleiste sechs Frauenskulpturen angenagelt. Zwischen der zweiten und dritten sowie der vierten und fünften Figur weisen die Planken eine mit solchen Maskaronen dekorierte runde Öffnung auf (Höhe 0,46 Meter; Breite 0,57 Meter; Stärke 0,08 Meter; Fundnummer 305).

Von Carl Olof Cederlund 1964 gezeichnete Rekonstruktion der unteren Längsgalerie (Backbord).

Eine von Meister Redtmer geschaffene Galeriekonsole (Höhe 0,60 Meter; Fundnummer 475).

Einer der aus Eichenholz geschnitzten 16 Hermenpilaster der unteren Galerietürme (oben).

Zur unteren Längsgalerie gehört unter anderem dieser römische Krieger (Fundnummer 5838).

halten eine Krone über den jungen Gustav II. Adolf, der sich auf eine Brüstung stützt. Elf kleine Balusterfiguren vermitteln den Übergang zu einem Fries, auf dem die vier erhaben geschnitzten Buchstaben G A R S (Gustavus Adolphus Rex Sueciae) erkennbar sind.

Unmittelbar unter dem obersten Heckbord ist das schwedische Reichswappen[55] angebracht. Es weist einschließlich der beiden schildhaltenden Löwen eine Breite von 3,24 Metern und eine Höhe von 1,90 Metern auf. Der große Schild wird von einer mächtigen Krone überdacht und wie die kleinen Schilde auch von üppigen Ornamenten (sogenanntes »Knorpelwerk«) umrandet. Eine geschnitzte Draperie rahmt das gesamte Kunstwerk ein.

Die Skulpturen an den Seiten des Achterschiffes sind bei den beiden Längsgalerien konzentriert. Die untere erstreckt sich etwa acht Meter, die obere sechseinhalb Meter nach vorn. Wo die untere Längsgalerie an die Heckgalerie anschließt, hat Herkules[56] seinen Platz. Elf römische Krieger[57] auf jeder Seite leisten anderen Heldengestalten Gesellschaft. Die oberen Längsgalerien sind unter anderem mit jeweils zehn Kriegern[58] dekoriert. Auf den geklinkerten Galeriedächern befinden sich überwiegend schlanke Figuren: Tritonen und Nereiden. Die Galerietürme sind unter anderem mit aus Eichenholz geschnitzten Hermenpilastern verziert. Vier bärtige, nackte oder halbnackte mit Keulen bewaffnete Männer (die »Wilden Männer«, alle etwas über einen Meter hoch) stehen in gleichmäßigem Abstand auf einer Profilleiste, die architektonisch den unteren vom oberen Teil der untersten Längsgalerie trennt.

Die Töchter des Nereus haben als Karyatiden (Höhe 1,65 Meter; Fundnummer 1703) auf den geklinkerten Galeriedächern zugleich zierende und stützende Funktionen.

Das gleiche wie für die Töchter des Nereus gilt für die Söhne Poseidons als Hermen (Fundnummer 5891).

Die 1,20 Meter lange Steuerbord-Drückerkonsole des Kranbalkens (Fundnummer 5756).

Vorschott der Back mit Durchführung des Bugspriets.

Die seitlichen Heckverzierungen (▬ = 1 Meter).

Die prachtvolle Ausschmückung des Achterkastells wird durch eine große Anzahl kleinerer Konsolen (Vögel oder groteske Köpfe) und durch einige geschnitzte Löwenmaskaronen (Innenseite der aufgeklappten Stückpfortendeckel) ergänzt.

Eine weitere Skulpturengruppe ist auf dem reichlich zwölf Meter langen Galion und dem Vorschiff konzentriert. Der fast waagerechte, leicht nach oben ansteigende Galion erstreckt sich vom Vorschiff beiderseits des Vorderstevens und wird von zwei übereinanderliegenden Auslegern getragen. Diese sind am Vorschiff mit starken Metallbolzen befestigt. Ein beiderseits gleichermaßen durchbrochener, netzartiger, neun Meter langer Skulpturenfries füllt den Platz zwischen den Auslegern. Auf dem oberen ruhen mehrere Spanten für die Grätings. Die beplankten Außenseiten des Galionskorbes sind mit Tritonen und römischen Kaisern[59] verziert. Diese Skulpturen dienen als Drückerbalken der beiden Kranbalken und als Regelstützen. Die Regeln enden am Vorschiff als zwei mit Schnitzereien versehenen Galionsbögen. Die Drückerkonsolen für die Kranbalken sind recht eigenartig gestaltet:

Blick auf die »Läuseplicht« und das Vorschott der Back. Die von den Restauratoren ersetzte Balustrade erstreckt sich von Reling zu Reling.

Jeweils ein Käfig, darin eingezwängt ein Mann in geduckter, knieender Haltung. Auf dem Galion befinden sich auch zwei Abtritte, die einst von den Mannschaften benutzt werden sollten. Wichtigstes Schnitzwerk ist jedoch die auf dem vorderen Drittel des unteren Auslegers liegende Galionsfigur: Ein imposanter Löwe, der zwischen seinen Vorderpranken das Wappenschild der Königsfamilie hält.

Am äußersten Vorschiff, gleich hinter dem tritonengeschmückten oberen Teil des Galionsbogens, steht auf jeder Seite ein römischer Krieger.[60] Im Gegensatz zu dem prachtvollen Äußeren ist im Innern der WASA verhältnismäßig wenig künstlerisch gestaltetes Beiwerk anzutreffen. Die Decks, wo auch die Mannschaft lebte, sind dem kriegerischen Alltag angepaßt. Irgendwelche Möbel, die der Bequemlichkeit dienen konnten, gibt es nicht. Lediglich im Achterschiff und auf dem oberen Deck weisen einzelne Verzierungen auf die Holzschnitzer des 17. Jahrhunderts hin.

Zwischen den beiden zum Steuerhaus führenden rundbogigen Niedergängen sind vor dem Schott fünf Teufel postiert.

Das Vorschiff mit Übergang zum Galion.

Galion mit Bugspriet und einem der beiden Mannschaftsabtritte.

Blick von der Back über das Oberdeck zum Achterkastell.

Die prachtvollen und komplizierten Schmuckelemente am Schiffsbug (▬ = 1 Meter).

Von der Steuerplicht gelangt man backbords in die Admiralskajüte. Der 1,40 Meter lange Türsturz stellt eine von Tritonen gehaltene Kronenkartusche dar (Fundnummer 10201). Die geschnitzte Kaiserkrone könnte ein Hinweis darauf sein, daß Gustav II. Adolf auf den deutschen Kaiserthron spekulierte.

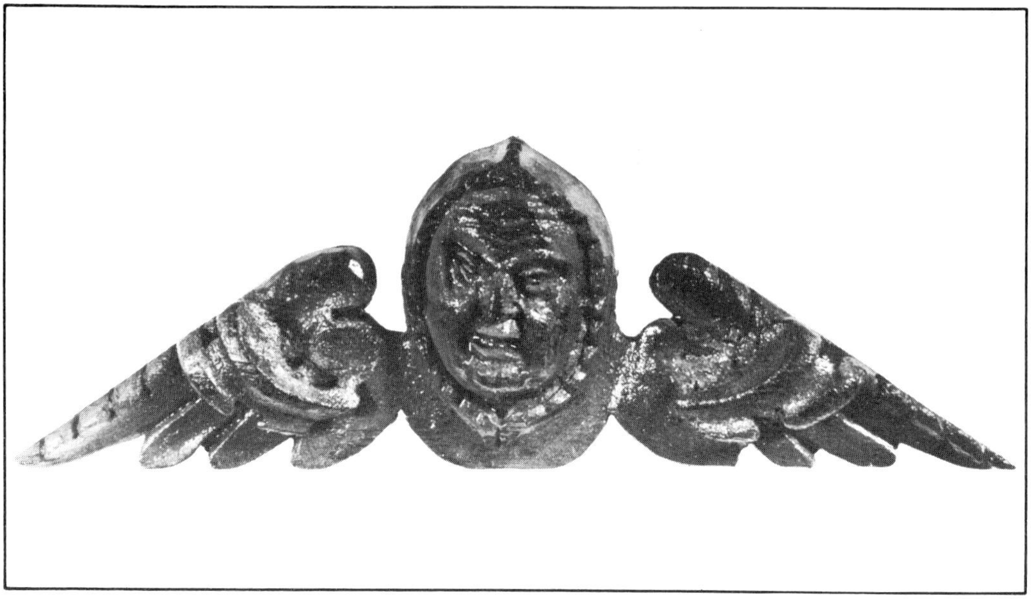

Eine 25 Zentimeter lange und acht Zentimeter hohe Schrankdekoration (Fundnummer 6159).

Die noch auf dem Oberdeck liegende Mars (Krähennest). Deutlich sind die vom Soldatengatt ausgehenden 18 Marsknie und drei Teile des Marsbandes erkennbar.

Die große Lenzpumpe auf dem oberen Batteriedeck.

Blick auf das Oberdeck: Gangspill und Knechte sind wieder funktionstüchtig. Man beachte die im Vordergrund sichtbaren Belegklampen im Bereich der Reling.

Ein großes plattes Maskaron mit breitem Mund dekoriert auf dem Deck der Steuerplicht das Koldergatt. Durch diese Öffnung führt der Kolderstock zu der elf Meter langen Ruderpinne. Über dem Rudergängerplatz schmücken sieben musizierende Engel die Wand. Die zur Admiralskajüte führende Tür hat verzierte Pfosten. Der gleichfalls geschnitzte Türsturz stellt eine von Tritonen gehaltene Kronenkartusche dar. In der Admiralskajüte sind die Wände mit Paneelen, Schmuckleisten und Hermenpilastern verkleidet. Im unteren Teil befinden sich eingebaute Bänke, die man in entsprechende Schlafgelegenheiten verwandeln kann. Weiterhin gehören Tisch, Stühle und sparsam dekorierte Schränke zum Inventar.

Unmittelbar vor der Steuerplicht, auf dem oberen Batteriedeck, ist von der großen Lenzpumpe das Oberteil mit dem Schwengel zu sehen. Die Pumpe besteht aus einem mehr als acht Meter langen, ausgehöhlten, aber nicht geschälten Erlenstamm. Die Rinde verhinderte das Reißen des Holzes. Der Pumpenkolben ist wie das ›Herz‹ aus Holz gefertigt worden. Die Beweglichkeit des Ventils hatten die damaligen Schiffbauer mit Hilfe eines ledernen ›Scharniers‹ erreicht. Das zweieinhalb Meter tief im Rohr sizende ›Herz‹ hatte ein entsprechendes Ventil und war vermutlich mit einem stählernen Bügel versehen, damit man es zum Reinigen heraufholen konnte. Pumpenversuche zeigten, daß, je nach Bedienungsstärke am

Schanzkleid- und Relingkonstruktion von binnenbord aus gesehen.

Schwengel, die Förderleistung bei 20 bis 50 Liter pro Minute lag. Bemerkenswert sind auch die auf den Relingen des Hüttendecks stehenden kleinen Herkulesfiguren sowie sieben geschnitzte Frauen- und Männerköpfe auf dem oberen Deck. Die Köpfe schmücken die mit einer oder mehreren Blockscheiben versehenen ›Knechte‹. Die beiden Gangspills auf dem unteren und oberen Batteriedeck sowie das hinter dem Fockmast auf der Back stehende sind gleichfalls wieder funktionstüchtig.

Ganz vorn auf dem Vorschiff haben die Restauratoren eine verlorengegangene Balustrade ersetzt. Sie erstreckt sich von Reling zu Reling und ist vermutlich ursprünglich eineinhalb Meter hoch gewesen. Obwohl nur ein einziger geschnizter Baluster gefunden worden ist, dürfte die Rekonstruktion dem Original sehr nahekommen. An der Außenseite des Geländers weist im Zentrum ein weiteres Schnitzwerk auf die WASA-Dynastie hin: Zwei Nereiden halten ein Wappenschild mit gekrönter Getreidegarbe.

Von zeitgenössischen Schiffsdarstellungen her weiß man, daß früher das schmükkende Beiwerk farbig gestaltet war. Die Chemiker der Wasavarvet analysierten deshalb die Oberfläche der Bildwerke, um etwas über die ursprüngliche Farbgebung zu erfahren. Es stellte sich heraus, daß die Künstler des 17. Jahrhunderts überwiegend Blattgold verwendet haben. Obwohl bereits damals ein recht teurer Artikel,

Reling und Schanzkleid von außenbord.

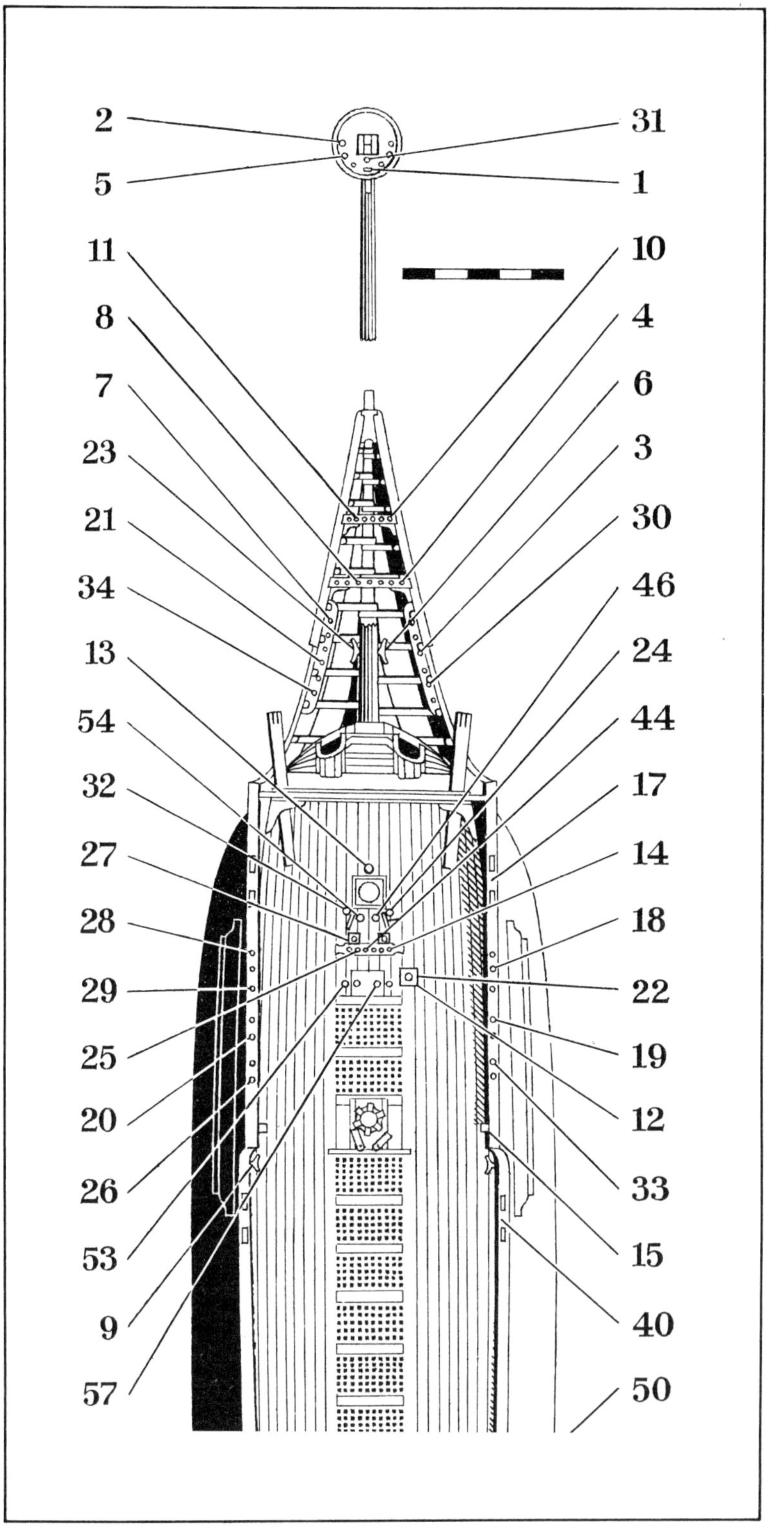

Belegplan für das laufende Gut:
(Paarweise vorhandene Taue haben auf Back- und Steuerbord gleiche Belegstellen – im Plan sind sie nur auf einer Seite eingezeichnet.)
▬ = 1 Meter

Oberblinde
1 Fall-Strecktalje
2 Toppnanten
3 Brassen
4 Schotten
5 Geitaue

Blinde
6 Vorholer
7 Achterbrassen
8 Konterbrassen
9 Schoten
10 Geitaue
11 Buggordings

Fock
12 Fall-Kardeel
13 Racktalje
14 Troppnanten
15 Brassen
16 Schoten
17 Halsen
18 Geitaue
19 Buggordings
20 Nockgordings
21 Bulins

Vormarssegel
22 Reep
23 Stag-Strecktalje
24 Fall-Strecktalje
25 Toppnanten
26 Brassen
27 Schoten
28 Geitaue
29 Nockgordings
30 Bulins

Vorbramsegel
31 Stag-Strecktalje
32 Fall-Strecktalje
33 Brassen
34 Bulins

Großsegel
35 Fall-Kardeel
36 Racktalje
37 Toppnanten
38 Brassen
39 Schoten
40 Halsen
41 Geitaue
42 Buggordings
43 Nockgordings
44 Bulins

Großmarssegel
45 Reep
46 Stag-Strecktalje
47 Fall-Strecktalje
48 Toppnanten
49 Brassen
50 Schoten
51 Geitaue
52 Nockgordings
53 Bulins

Großbramsegel
54 Stag-Strecktalje
55 Fall-Strecktalje
56 Brassen
57 Bulins

Baginrah
58 Toppnanten
59 Brassen

Kreuzsegel
60 Fall-Strecktalje
61 Brassen
62 Geitaue
63 Bulins

Besan
64 Fall-Strecktalje
65 Racktalje
66 Dirk
67 Schot
68 Brassen (Pispotten)
69 Gordings
70 Nockgordings
71 Halse für das Bonnet
(Maßstab: 5 Meter)

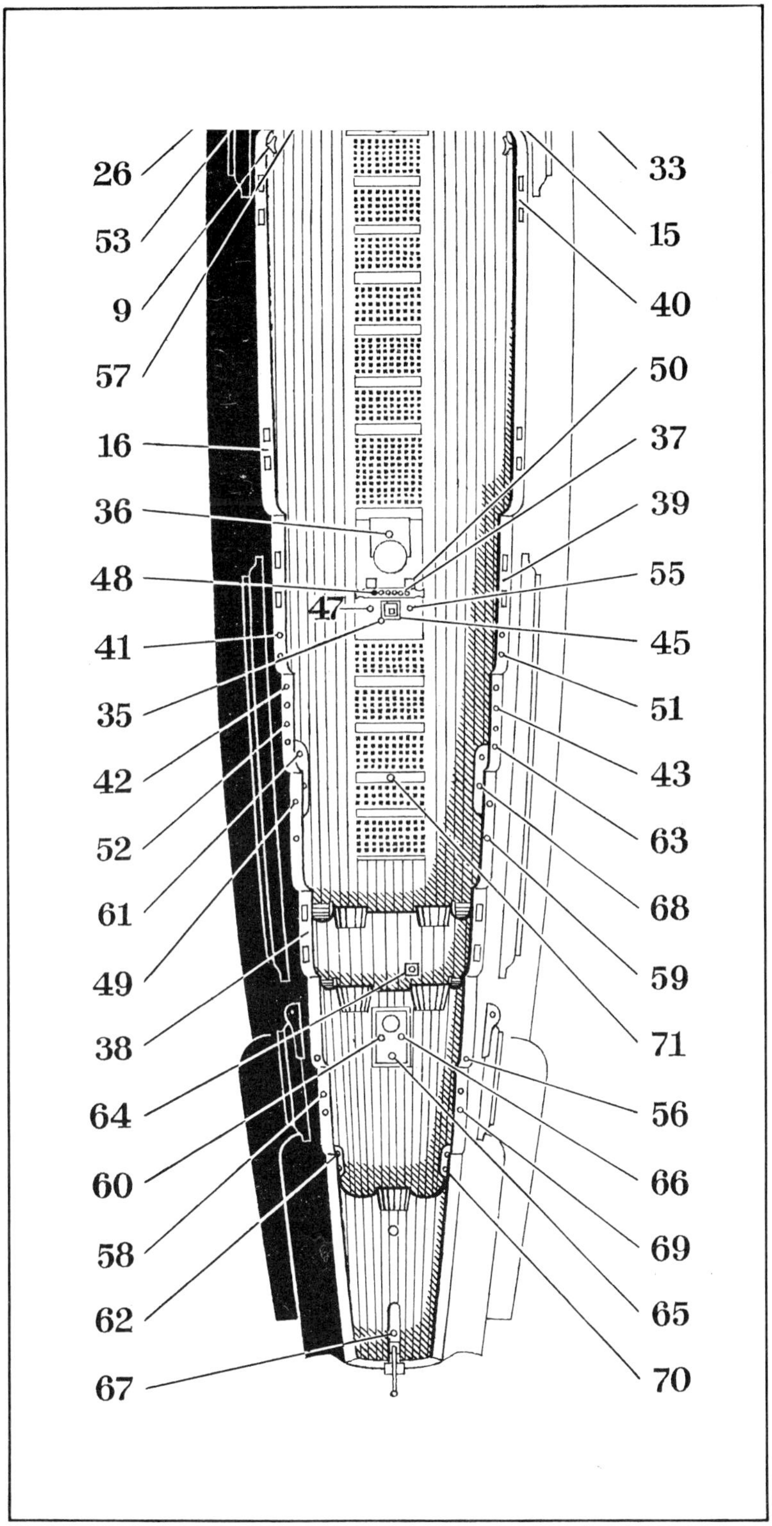

hatten sie damit nicht gespart. Reste von einer 0,09 Millimeter dicken Blattgoldschicht an einem der Löwen, die das schwedische Reichswappen hielten, deuten darauf hin.

Während man einst die äußeren Schiffswände nur mit Teer und Leinöl behandelte, erhielten Mastkörbe, Reling und Schanzkleid einen Farbanstrich. Auch wurden zum Beispiel die Wappen jeweils in den richtigen heraldischen Farben, die Löwenrachen rot, die geklinkerten Dächer der Längsgalerien blau oder die Täfelung in der Admiralskajüte rot und blau bemalt.

Alle Originalbildwerke bleiben jedoch Naturfarben.[61] Am Außenrumpf angebrachte farbige Skulpturen sind Nachbildungen.[62] Sie werden gegen Ende der gegenwärtigen Restaurierungsphase durch Originale ersetzt.

Die Wissenschaftler beschäftigte natürlich auch die Frage, welche Künstler die fast 700 Skulpturen[63] geschaffen hatten. Durch stilistische Vergleiche konnten sie die meisten Bildwerke den bereits im 1. Kapitel erwähnten drei Holzschnitzern Mårten Redtmer, Hans Clausink und Johan Didrichsson Tijsen zuschreiben. Redtmer, der in einem königlichen Brief als

Die erste von Kapitän Svensson erarbeitete Rekonstruktionszeichnung war Grundlage für den Wiederaufbau des großen Beibootes.

»treuer Diener der Admiralität« bezeichnet wurde, schuf beispielsweise das Lehmmodell für die vom Stückgießer Gert Meijer aus einer Kupfer-Bronze-Legierung hergestellte Statue »Kopparmatte«.[64] Das Kunstwerk – es befindet sich heute im Stockholmer Rathaus – stand früher oberhalb des Prangers auf dem Großmarkt. Auch fertigte er einige Skulpturen für eine Kirchenorgel an, die immer noch in der Kirche von Övertorneå (Verwaltungsbezirk Norbotten) gespielt wird. Bewahrt sind auch Engelsfiguren, Knorpelornamente und Masken, die er für den Orgelprospekt der Stockholmer Hauptkirche schnitzte (heute in der Kirche von Bälinge im nördlichen Uppland zu sehen).

Während Tijsen unter der Leitung des Schloßbaumeisters Kasper Panten am Stockholmer Königsschloß »Tre Kronor« einige Kunstwerke und später die Wappenkartusche für Schloß »Svartsjö« schuf, war Clausink von 1608 bis 1631 ununterbrochen als Bildschnitzer auf dem Schiffshof des Königs tätig. Hier fertigte er auch die Kanzel für die auf dem Werftgelände stehende Holmkirche an.

Den Meistern standen sicher viele Hilfskräfte, die vor allem vorbereitende Grobarbeiten ausführten, tatkräftig zur Seite. Trotzdem erscheint es unwahrscheinlich, daß sie während der zweijährigen Schiffbauzeit so viele Kunstwerke schnitzen konnten.[65] Man muß deshalb vermuten, daß bestimmte Bildwerke, wie zum Beispiel römische Krieger, Stückpfortenmaskaronen oder Hermenpilaster im voraus angefertigt und später in das Skulpturenensemble der WASA eingruppiert worden sind.

Äußerst schwierig erwies sich die Rekonstruktion der Takelage. Die etwa 450 gefundenen verschiedenartigen Blöcke, die Masten und die in der Segellast entdeckten Segel bildeten die Grundlage für dieses Unterfangen. Kapitän zur See Sam Svensson, der auch das große Beiboot der WASA rekonstruierte, meisterte diese Aufgabe mit Erfolg. Heute sind – ausgenommen einzelne unbedeutende Teile – alle Konstruktionsdetails der WASA bekannt. Das eines Tages wieder vollständig aufgebaute Regalschiff Gustav II. Adolf wird der Nachwelt zuverlässig vermitteln, wie die WASA ausgesehen hatte, als man sie 1628 in Dienst stellte.

Im WASA-Museum

»Nichts kann mehr beeindrucken, nichts die Majestät des Königs mehr verherrlichen als die prachtvolle Ausschmückung seiner Schiffe, von einer Pracht, wie sie auf See nie zuvor gesehen wurde.«

Jean-Baptiste Colbert, französischer Staatsmann; 1619–1683.

Für die goldglänzende und farbenprächtige WASA traf Colberts Äußerung vollinhaltlich zu. Ihre schönen Figuren symbolisierten aber nicht nur Macht und Hoheit des Königs sowie die kriegerische Überlegenheit Schwedens, sondern auch Tugend und Laster, Leben und Tod. Im Gegensatz zu Colbert, der aus eigener Anschauung reich verzierte Schiffe beschrieb, beruhten unsere Kenntnisse über solche Wasserfahrzeuge bisher überwiegend auf der Auswertung zeitgenössischen Schrifttums. Das ist nicht überraschend, denn ging früher ein Schiff unter – aus welchen Gründen auch immer –, waren die Schnitzwerke verloren. Damalige Bergungsversuche galten stets den wertvollen Kanonen; Skulpturen wurde keine Aufmerksamkeit geschenkt. Wurden Schiffe abgewrackt, so gelangten alle noch verwendungsfähigen Teile auf andere Segler. Diesem Umstand ist es zuzuschreiben, daß die Schiffahrtsmuseen nur relativ wenige Originalfunde aus jenen Zeiten besitzen. Mit der Bergung der WASA konnte erstmals ein schlüssiger Beweis wirklicher Ausschmük-

Seit 1962 konnte man im provisorischen WASA-Museum (Wasavarvet) auf Djurgården Konservierung und Restaurierung des Schiffsrumpfes verfolgen. In den übrigen Ausstellungsräumen vermittelten Schnitzwerke, Kanonen und Gebrauchsgegenstände ein Bild von der WASA und ihrer Besatzung.

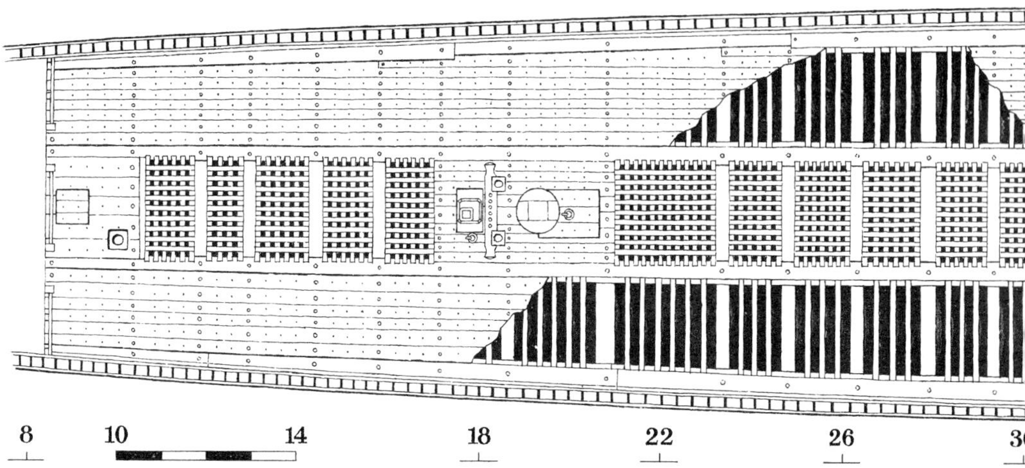

Decksansichten: Oberdeck mit Galion und vier kleine Teildecks

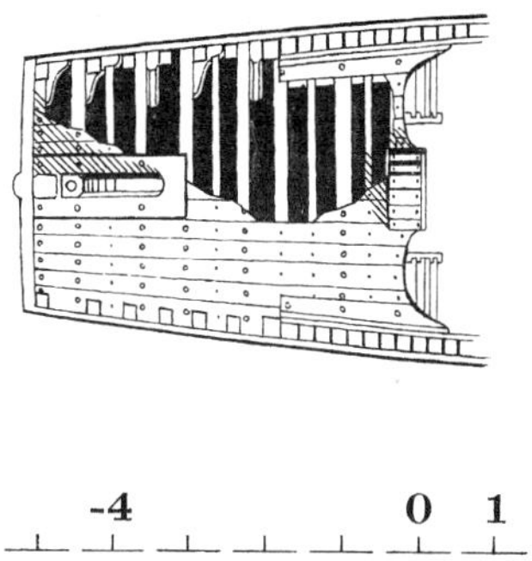

Poopdeck;

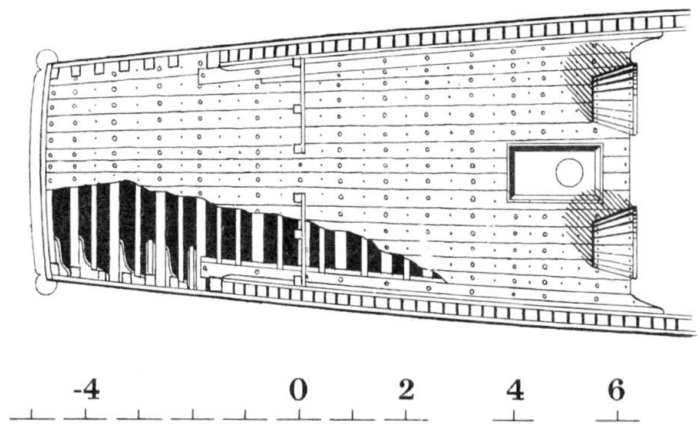

Halbdeck (über dem Schanzdeck);

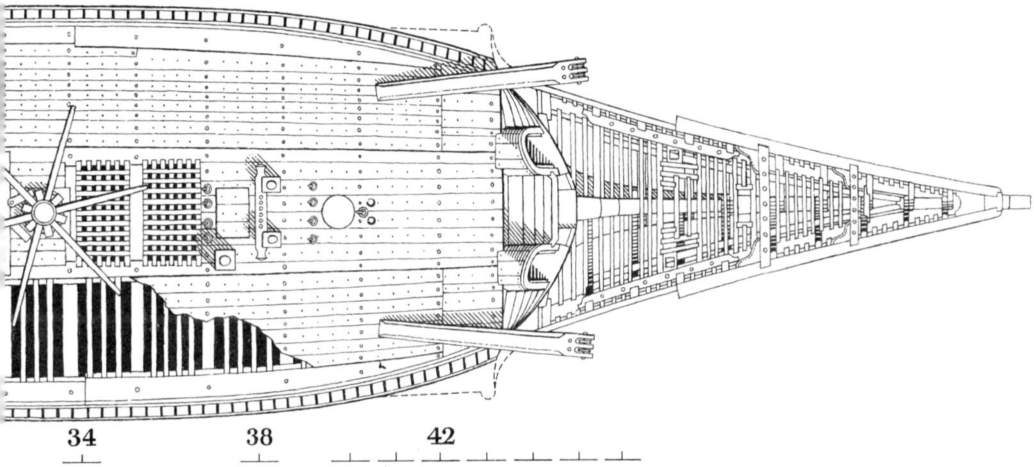

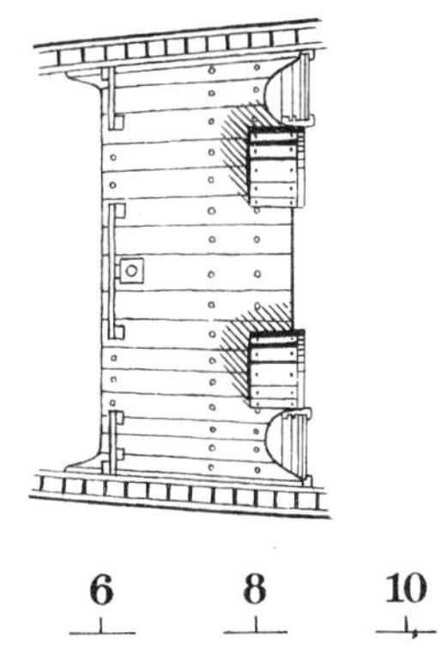

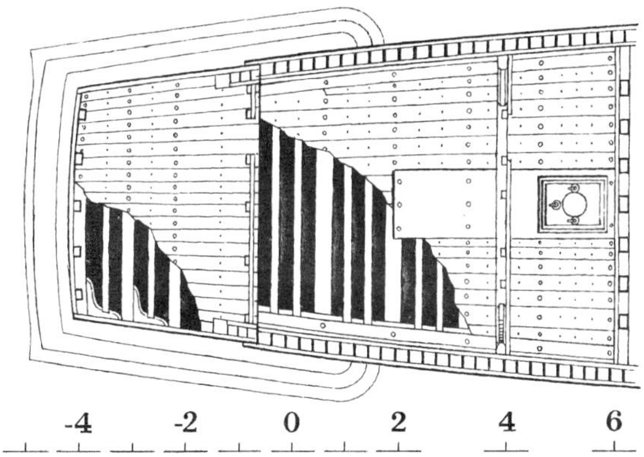

Deck über der Steuerplicht; Schanz- oder Kampanjedeck.

Recht beeindruckend ist die Galionsfigur.

kung damaliger Kriegsschiffe erbracht werden. Die Wasavarvet zählt deshalb zu den am meisten besuchten Museen dieser Art.

Konservierung und Restaurierung des Schiffsrumpfes gehörten unzweifelhaft zu den vorrangigen Aufgaben der »Werft«, die 1964 dem Staatlichen Seehistorischen Museum angegliedert worden ist.[66] Nicht weniger bedeutend sind jedoch die in den übrigen Museumsräumen gestalteten, wiederholt erweiterten Ausstellungen »Makten och Härligheten« (Macht und Ruhm) sowie »Livet ombord på WASA« (Das Leben an Bord der WASA).

In der Skulpturenabteilung sind viele Originalschnitzwerke zu sehen. Da vermitteln der ursprünglich auf dem unteren Ausleger ruhende gewaltige Löwe, die das Galion und die Längsgalerien schmückenden Figuren sowie der vollkommen nachgestaltete Heckspiegel einen überwältigenden Eindruck von dem Können damaliger Handwerker. Hier wird — in Zusammenhang mit stilistischen Gegenüberstellungen — der kulturhistorische Wert der WASA-Skulpturen deutlich: Sie stellen eine unschätzbare Ergänzung der aus der ersten Hälfte des 17. Jahrhunderts in Schweden erhalten gebliebenen, äußerst profanen Holzbildwerke dar.

Bekanntlich verfügte das Regalschiff über eine höchst imponierende Feuerkraft. Alle bis jetzt ausgewerteten Unterlagen lassen eindeutig erkennen, daß vor der WASA kein schwedisches Kriegsschiff so stark bestückt gewesen war. Anfang des 17. Jahrhunderts traf man auf Kriegsschiffen ein Sammelsurium von Geschützen an. Die WASA ist deshalb ein Beispiel für das Vorhaben Gustav II. Adolf, seine Flotte mit einer einheitlichen schlagkräftigen Artillerie auszurüsten. Diese Fakten berücksichtigten die Museologen, indem sie einige Meter des unteren Batteriedecks naturgetreu (bis auf die um dreißig Zentimeter vergrößerte Deckshöhe) nachgestalteten: Zwei Vierundzwanzigpfünder recken drohend ihre Mündungen durch die mit Löwenmaskaronen dekorierten Stückpforten. Neben den Kanonen liegen Munition, Ladeschaufeln, Wischer, Pulverhörner und Luntenstöcke. Ein weiterer Vierundzwanzigpfünder steht »zum Anfassen« vor dem Batteriedeck. Auf dem Rohr sind das Jahr des Gusses, das Wappen der WASA-Dynastie und die vier

Blick in das nachgestaltete untere Batteriedeck.

Vor dem Batteriedeck steht ein Vierundzwanzigpfünder.

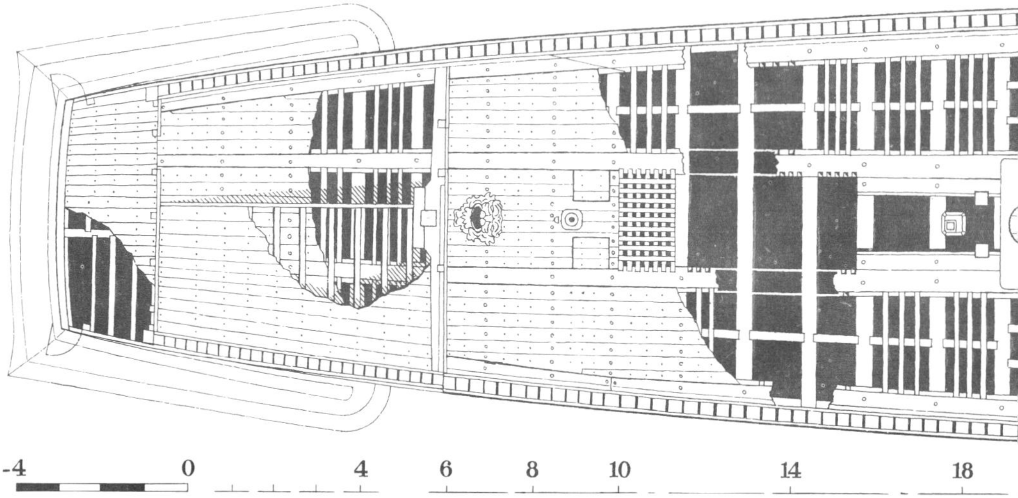

Oberes Batteriedeck ▬ = 1 Meter

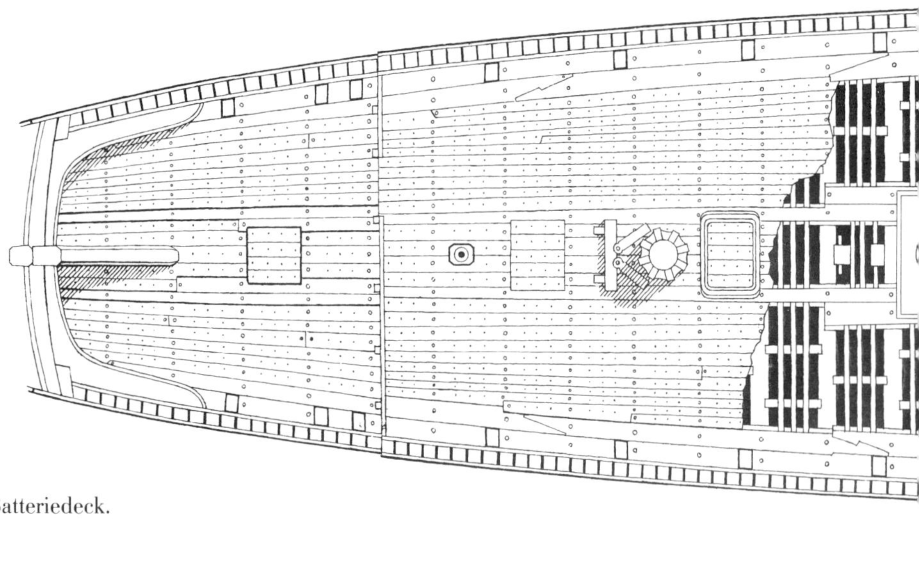

Unteres Batteriedeck.

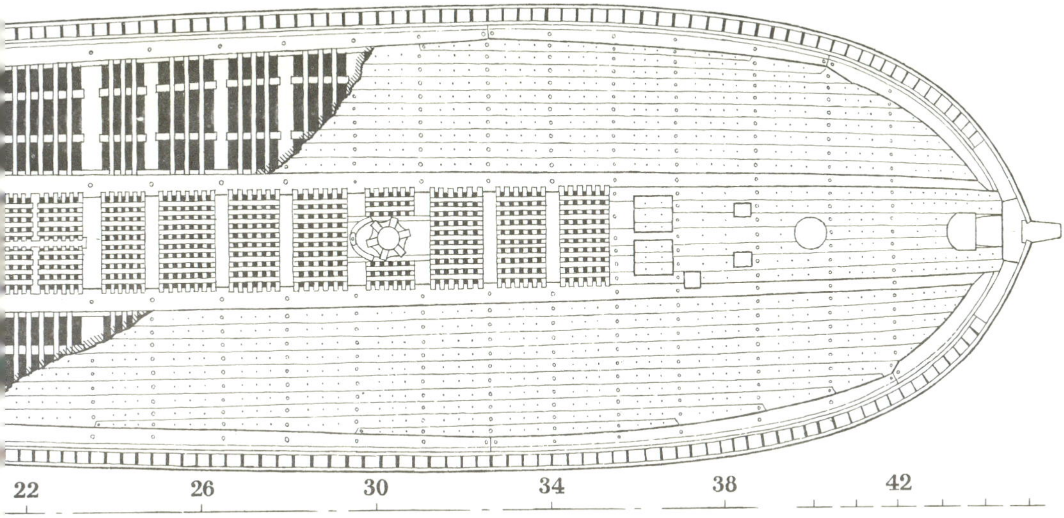
22
26
30
34
38
42

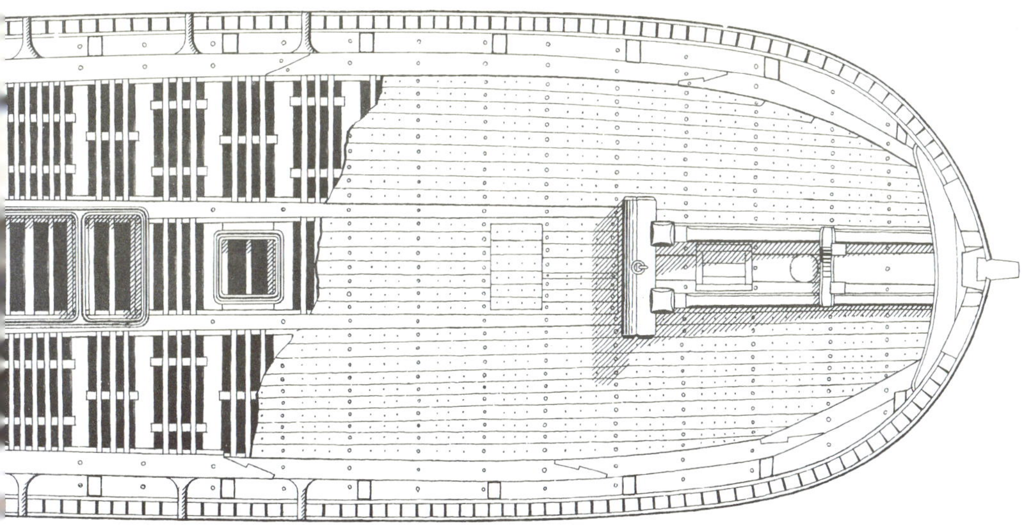

Zur Ausrüstung des Schiffszimmermanns gehörte auch dieser Hammer.

Buchstaben G A R S ausgezeichnet zu erkennen.

Andere Räume geben Aufschluß über das Innere des Schiffsrumpfes: Die gemauerte ›Kombüse‹, in der über imitiertem Feuer ein gewaltiger gußeiserner Kochkessel hängt. Oder das Pumpensystem der WASA: Eine aus Blei gefertigte zweite Lenzpumpe befand sich gleich hinter dem Großmast. Die Pumpen machen auf ein kleines Schiff aus der zweiten Hälfte des 15. Jahrhunderts aufmerksam, das vor etwa fünfzig Jahren beim Kalmarer Schloß ausgegraben wurde. Art und Anordnung der Pumpen weisen trotz der 200 Jahre Zeitdifferenz eine verblüffende Ähnlichkeit auf.

Eine weitere Abteilung ist den an Bord tätigen Handwerkern gewidmet: Segelschiffe waren auf hoher See Sturm- und Gefechtsschäden ausgesetzt. Deshalb dienten bei der Flotte Segelmacher und Zimmerleute. An Bord fand man 21 Holzbearbeitungsgeräte beziehungsweise Teile davon, die in zwei Gruppen eingeteilt werden können: Allgemeines Tischlerwerkzeug und typisches Werkzeug des Schiffszimmermanns. Unter letzterem sind auch Gegenstände, mit denen die Decks und Bordwände kalfatert wurden. Das geschah, indem man mit einem Kalfatereisen und einem Holzhammer geteerten Hanf in die Fugen trieb. Damit dieser während der Arbeit nicht am Kalfatereisen festklebte, mußte er immer wieder in ölgetränktes Werg gedrückt werden, das man in einem kleinen Holzbehälter, dem »fettsko«, zur Hand hatte. Verschiedene Hobel, Löffelbohrer, Stechbeitel, Handsägen, eine Gehrstoßlade und Meßwerkzeuge, bestehend aus Anschlag- und Schmiegenwinkel sowie Zollstöcken vervollständigten die Ausrüstung.

Die unser heutiges Maßsystem kennzeichnende Ordnung gab es zur Zeit des WASA-Baus noch nicht. Damals wandte man im schwedischen Schiffbau teils den schwedischen Fuß (296 Millimeter), teils den Amsterdamer Fuß (283,1 Millimeter) an. Ersterer war in zwölf Zoll, lezterer in elf Daumen eingeteilt. Die auf der WASA

Ein Zollstock mit holländischer Maßeinteilung.

gefundenen Meßwerkzeuge sind charakteristisch für das uneinheitliche Maßsystem: Während ein Schmiegenwinkel und ein Zollstock Einteilungen nach schwedischem Fuß aufweisen, sind zwei Zollstöcke holländischen Ursprungs.

In einem anschließenden Saal wird recht anschaulich dokumentiert, wie sich die Menschen damals kleideten und wie sie an Bord lebten. Bei der archäologischen Ausgrabung fand man im Schiffsrumpf unter anderem auch Skelette von Ertrunkenen, an denen Stoffreste hafteten. Die Wissenschaftler konnten nachweisen, daß zum Beispiel ein 1,70 Meter großer und 30 bis 35 Jahre alter Mann eine Lodenjacke mit langen Ärmeln und einem kurzgefalteten Schoß sowie eine weite Wollhose, die an der Taille mehrfach gefaltet und unter den Knien geschnürt war, anhatte. Desweiteren gehörten ein Hemd und genähte Strümpfe aus Leinen und ein Paar Spangenschuhe zu seiner Garderobe. An der Taille trug er in einer Scheide ein mit einem Horngriff versehenes Messer und einen ledernen Geldbeutel.

Auf dem unteren Batteriedeck stand auf der Steuerbordseite zwischen zwei Kanonenlafetten eine Truhe, deren Deckel ein hölzernes Kombinationsschloß sicherte. In der Truhe befanden sich ein Paar Strümpfe, eine mit Schuhmacherpinnen gefüllte ovale Spanschachtel und die Reste verschiedener Werkzeuge.

Die Stoffstrümpfe gehen auf die im Mittelalter gebräuchlichen Beinkleider zurück. Als in der zweiten Hälfte des 16. Jahrhunderts gestrickte Strümpfe aufkamen, führte Erik XIV. zwar die neue Mode in Schweden ein, doch machten Bürger und Bauern von dieser modischen Neuerung selbst 80 Jahre später kaum Gebrauch, worauf die WASA-Funde schließen lassen.

Der Inhalt aller Seemannskisten beweist aber auch, daß an Bord damaliger Kriegsschiffe weder Schuhmacher noch Schneider arbeiteten. Die Seeleute waren in vielerlei Hinsicht gezwungen, mit bescheidenen Hilfsmitteln ihre Kleidung selbst zu flicken und die Schuhe zu reparieren.

Der Mechanismus des Kombinationsschlosses einer Truhe. Nur wenn alle drei Holzscheiben in die im Bild erkennbare Stellung gedreht werden, läßt sich der Riegel zurückschieben.

Aus dem Charakter der gefundenen Objekte zu schließen, hatten die Offiziere ihre meisten Habseligkeiten achtern im Hohlschiff verstaut. Hier fand man unter anderem ein als Kästchen gearbeitetes Brettspiel mit einem der beiden Würfel und allen dreißig dazugehörigen Steinen. Dieser Fund ist deshalb so beachtlich, weil breite Schichten der nordischen Bevölkerung im 16. und 17. Jahrhundert Brettspiele kaum kannten.

Während man Anfang des 17. Jahrhunderts in Schweden Brettspiele kaum kannte, war in Mitteleuropa das Puffspiel weit verbreitet. Es ist eine geistvolle Verbindung von Denk- und Glücksspiel, das auch als »Trick-Track« bezeichnet wird.

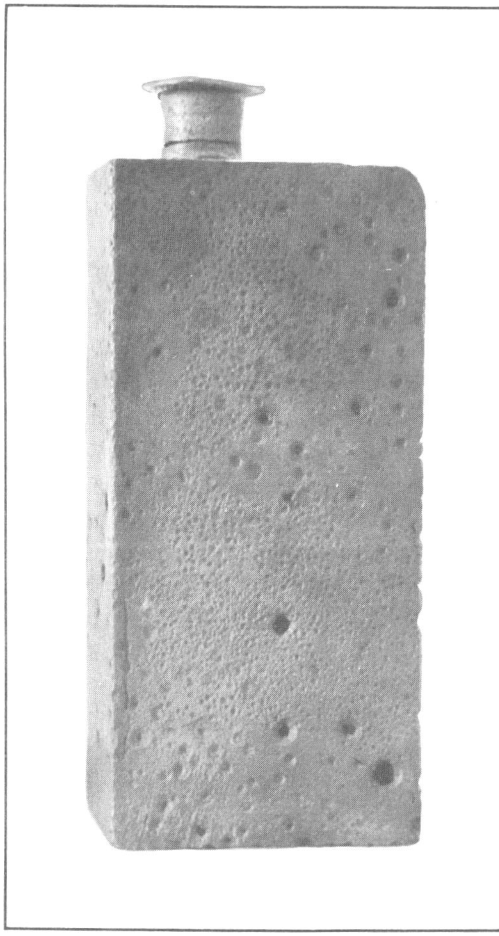

Die Ausrüstung der Offiziere enthielt viele Zinngegenstände wie diesen 30 Zentimeter hohen Kanister.

Als Kontrast zu den einfachen und zweckmäßig geformten Holz- und Keramikgefäßen, die von den Matrosen benutzt wurden, steht das von den Offizieren gebrauchte Zinngeschirr.[67] Alle Zinngegenstände sind mit den Initialen oder dem Handzeichen des Meisters und mit dem Stadtstempel, der auf den Herstellungsort hinweist, versehen. (Beispielsweise die Stockholmer Krone in einem Wappenschild und ein Stempel, der einen Halbmond und die Buchstaben E A enthält – Zeichen der Werkstatt des Altmeisters der Stockholmer Zinngießerzunft, Erik Arvidsson, auf dem »Stortorget«.) Auf vielen

Einen in der Werkstatt von Meister Erik Arvidsson hergestellten Topf fand man erst 1966 bei Taucharbeiten im Schlamm.

Mit diesem Puffspiel sind auch die zugehörigen Steine an Bord der WASA entdeckt worden.

Das Branntweinfäßchen und der Butterkübel mit Deckel gehörten vermutlich einem Bootsmann.

Der gußeiserne Topf ist wahrscheinlich durch ein aus der Takelage herabgefallenes Blockrad beschädigt worden.

Des Schiffsbarbiers bescheidene Apotheke.

Geräten sind sogar drei Stempel zu erkennen. Anzahl und Art der Stempel spiegelt nach einer 1622 in Schweden erlassenen Verordnung die Qualiät des Gegenstandes wider: Eine Legierung aus 85 Prozent Zinn und 15 Prozent Blei hatte zwei Meister- und einen Stadtstempel aufzuweisen. Bei Legierungen von 70 Prozent Zinn und 30 Prozent Blei genügten ein Meister- und ein Stadtstempel. Unter den WASA-Zinngefäßen befinden sich auch solche, die eine gekrönte Rose als Stempel haben. Dieser Stempel, er kam bereits im 16. Jahrhundert in England in Gebrauch, bezeichnete feinstes Zinn. Leider sind auf den zuletzt genannten Gefäßen die Meisterinitjalen unkenntlich, so daß über ihr Ursprungsland keine konkreten Aussagen gemacht werden können; gewisse Anzeichen sprechen jedoch dafür, daß die Gefäße in einer deutschen oder holländischen Werkstatt produziert wurden.

Um den persönlichen Speisezettel mit Frischfisch ergänzen zu können, nahmen die Seeleute verschiedene Angelgeräte mit auf Fahrt. Die Archäologen entdeckten in den Truhen ein als Fisch geformtes Senkblei (Vorläufer unseres heutigen Blinkers), einige mit mehreren Haken versehene Dorschschnüre, zwei Angelleinen und die Reste von zwei Netzen mit angeknüpften Korken.

Als echte Überraschung erwies sich eine weiße Tonpfeife, die zwischen anderen Dingen in einem Faß lag: Sie ist nunmehr der älteste Beweis für das Tabakrauchen in Schweden. Ende des 16. Jahrhunderts breitete sich bekanntlich der Tabakgenuß von England über Nordeuropa aus. Als erster Hinweis über das Rauchen in Schweden galt bisher ein 1629 abgefaßter Bericht der Universität von Uppsala: »Studenten frönen dieser englischen Modeerscheinung«. Offiziell erwähnt wurde der Tabak jedoch erst 1630 in Gesetzen und anderen gedruckten Quellen.

Im »Münzkabinett« illustrieren die an Bord gefundenen 71 Silber- und 4084 Kupfermünzen ein eigenes Geschichtskapitel: Das älteste Geldstück stammt aus dem Jahre 1557, das jüngste wurde 1627

1 780 Rundmünzen aus Kupfer fand man an Bord.

geprägt. Seit dem frühen Mittelalter baute sich das schwedische Münzsystem auf den sogenannten Silbermünzfuß auf. Politische und ökonomische Krisenerscheinungen führten zu einer immer stärker werdenden Münzverschlechterung inflationären Charakters. 1624 begann man schließlich mit dem Prägen von Kupfermünzen. Diese Veränderung in der schwedischen Wirtschaftspolitik spiegelt sich in den WASA-Münzfunden wider. Alle 71 Silbermünzen sind vor 1624 hergestellt worden. Sie umspannen einen Zeitraum von nahezu siebzig Jahren. Bis auf vier Stück aus dem Jahre 1617, die vom Herzog Johan von Östergötland geprägt wurden[68], repräsentieren sie alle Könige der WASA-Dynastie – ausgenommen Sigismund. Wie aus nachstehender Übersicht erkennbar, dominiert unter den Fundobjeken das Ein-Öre-Stück:

Wert	1 Mark (8 Öre)	2 Öre	1 Öre	½ Öre
Anzahl	3	1	66	1

Ein im Jahre 1591 als Silbermünze herausgegebenes Acht-Öre-Stück könnte beinahe als Kupfermünze angesehen werden. Der Silbergehalt des Geldstückes ist äußerst minimal. Ihre silberweiße Oberfläche bekam die kupferne Münze durch »Weißkochen« in Schwefelsäure.

Die Kupfermünzen waren als Wertmünzen vorgesehen, das bedeutet, der geprägte Wert sollte auch ihrem Metallwert entsprechen. Das traf bald nicht mehr zu, da anfangs dem Kupfer ein zu hoher Wert beigemessen worden war. Zuerst wurden solche Geldstücke nur in Säter (im südlichen Dalarna) produziert. Später kamen Nyköping und Arboga als Prägungsorte

Infolge der schwedischen Außenpolitik wurde das Land von langjährigen Geldkrisen erschüttert. Als Ausweg griff man auf den eigenen Kupferreichtum zurück und prägte ab 1624 Münzen aus diesem Metall. Hier eine Auswahl der geborgenen 1 675 Ein-Öre-Stücke. Für eigene Zwecke hatte man sich früher von den Klippen Kupferstreifen abgeschnitten.

Bei den Zwei-Öre-Klippen sind Wert, Getreidegarbe und Prägungsjahr deutlich zu sehen. Auf der Rückseite befinden sich die königlichen Initialen GARS.

hinzu. Bis 1627 prägte man die Münzen hintereinander auf langen Kupferbändern und trennte danach mit einer Metallschere die einzelnen Stücke ab. Von diesen vierkantigen, »Klippingen«[69] genannten Münzen wurden im Schiffsrumpf 2304 Exemplare gefunden:

Wert	2 Öre	1 Öre	½ Öre	¼ Öre
Anzahl	196	1675	423	10

Von den Klippen konnte sich jedoch jeder für eigene Zwecke einige Kupferstreifen abschneiden, ohne die Prägung zu beschädigen. Die im Umlauf befindlichen Münzen hatten bald keinen Originalumfang mehr. Um den »Machenschaften solcher gewissenloser Menschen« ein Ende zu setzen, ließ Gustav II. Adolf die Produktion auf Rundmünzen umstellen. Die folgende Übersicht gibt Auskunft über Anzahl, Wert und Herstellungsort der von den Archäologen sichergestellten 1780 kupfernen Rundmünzen:

Prägungsort	1 Öre	½ Öre	Summe
Säter	1248	5	1253
Nyköping	179	6	185
Arboga	279	3	282
Undefinierbar	54	4	58
Insgesamt	1760	18	1778

Anmerkung: Bei zwei Münzen sind Wert und Herstellungsort nicht erkennbar.

Die Münzen fand man an verschiedenen Plätzen: Auf den Decks, in kleinen Lederbeuteln, in Fässern und in Truhen. Es gibt allerdings auch zwei zusammenhängende Funde, die sich von den übrigen wegen ihres Umfangs deutlich unterscheiden. In beiden Fällen handelt es sich um eine Sammlung von über 900 Kupfermünzen. Die eine wurde in einem Faß vorn auf

1960 wurde bereits auf Veranlassung des WASA-Ausschusses eine Gedenkmedaille mit 32 Millimetern Durchmesser geschlagen. Die Vorderseite zeigt das Schiff, die Jahreszahl 1628 und die Umschrift WASA KONUNGENS REGALSKEPP.

Die Rückseite der Gedenkmedaille weist in der Mitte einen Löwenkopf und das Prägungsjahr 1960 auf. Die Umschrift: MED TACK FOR VÄRDEFULLT BISTÅND (Mit Dank für wertvolle Hilfe).

dem oberen Batteriedeck, die andere vor der Kombüse im Hohlschiff verwahrt. Der letztere Fund hatte einen Wert von 29 Daler, 3 Mark und 6½ Öre in Kupfer.[70] Ob es sich bei den beiden großen Geldsummen um die Schiffskasse, einer anderen gemeinsamen Kasse oder dem Eigentum eines einzelnen Menschen handelte, ist noch unklar.

Die an Bord gefundenen Münzen ergeben nach dem Kupferkurs von 1629 umgerechnet insgesamt einen Betrag von 131 Daler, 3 Mark und 6 Öre. Für diese Summe konnte man damals etwa 50 bis 65 Tonnen Roggen kaufen.[71]

Da das damalige schwedische Zahlungssystem weitgehend durch das Prinzip der Naturalienwirtschaft charakterisiert war, kann man sich heute kein eindeutiges Bild darüber verschaffen, welche Rolle das Geld für die Menschen spielte. So betrug zum Beispiel der jährliche Lohn in der Flotte[72] für einen Kapitän 475 Daler, für einen Steuermann 152 Daler und für einen gemeinen Matrosen 56 Daler. Von der Heuer wurden allerdings die angefallenen Kosten für Verpflegung, Kleidung und andere benötigte Waren in Abzug gebracht, so daß der am Jahressende in die Hand gezahlte Betrag geringer war. Die monatliche Lebensmittelration eines Bootsmanns enthielt unter anderem solche Posten wie 13 Kilogramm Brot, 3,4 Kilogramm Fleisch, 1,6 Kilogramm Speck, 96 Liter Bier, 18 Liter Erbsen oder Graupen, 9 Liter Kochmehl, jeweils 820 Gramm Butter, Käse und Salz sowie 9,3 Kilogramm Fisch.

Wenn in Betracht gezogen wird, daß eine Tonne Roggen zwischen eineinhalb und zwei Daler in Kupfer oder ein Huhn etwa sechs Öre kostete, so dürften die einfachen Seeleute Gustav II. Adolf nach Ablauf ihrer Dienstzeit kam über irgendwelche größeren Ersparnisse verfügt haben.

Die Eingliederung der beiden ständigen Ausstellungen in den Gesamtkomplex der WASA-Werft ist hervorragend gelungen. Die vielen hndert übersichtlich angeordneten Fundobjekte vermitteln nicht nur wis-

Am 3. September 1969 gab die Königlich Schwedische Postverwaltung ein Briefmarkenheft heraus und ergänzte die Emission durch einen Sonderstempel.

Der von WASA-REDIVIVA herausgegebene Ersttagsbrief mit Zwei-, Drei- und Vier-Öre-Werten.

Detail eines aus Plastteilen gefertigten Standmodells.

Die letzte Reise der WASA führt das Schiff zu seinem endgültigen Liegeplatz in das Dock auf dem Gelände der historischen Galärvarvet. Das Dock vor dem Nordischen Museum wird erweitert und bildet danach das Fundament des künftigen WASA-Museums.

senschaftliche Information, sondern erfüllen das lebensnahe Bedürfnis, die handwerklichen Fähigkeiten einstiger Schiffbauer zu erkennen. Das Ausstellungsprinzip entspricht der musealen Grundforderung, nichts aus dem Zusammenhang zu reißen, sondern die Einheit des Lebens an Bord eines spätmittelalterlichen Schiffes zu wahren und so dem Besucher das Hineindenken in die damaligen Lebensumstände zu erleichtern.

Wenn in dem neuen WASA-Museum das Regalschiff Gustav II. Adolf in seiner ursprünglichen Pracht zu bewundern sein wird, werden in den angrenzenden Sälen die bisherigen Detailausstellungen in der einen oder anderen Form nicht fehlen.[73]

Eine gute Öffentlichkeitsarbeit hat von Anfang an das Interesse an der WASA weit über die Landesgrenzen geweckt und damit auch zur Förderung des Gesamtprojekts beigetragen. So stellte sich zum Beispiel die Königlich Schwedische Postverwaltung in den Dienst der Sache, als sie am 3. Sepember 1969 ein Briefmarkenheft mit zehn 55-Öre-Werten herausgab, auf denen sechs verschiedene WASA-Motive dargestellt sind[74], und die Emission durch einen Sonderstempel ergänzte.

Bereits einige Jahre zuvor hatte WASA-REDIVIA[75] noch vorhandene Bestände der postalisch nicht mehr verwendeten Zwei-, Drei- und Vier-Öre-Werte mit dem Überdruck »WASA« und »REDIVIA«

Standmodell der WASA.

versehen lassen. Diese Werte wurden auf Ersttagsbriefen durch einen runden Sonderstempel mit der Aufschrift »STOCKHOLM · REGALSKEPPET WASA« ›entwertet‹.

Auch die in der Konservierungswerkstatt hergestellten Nachbildungen, zum Beispiel glasierte Teller, Zinnteller, Trinkschalen, Paßgläser, Bronzeleuchter, Zinn- und Glasflaschen, Kupfermünzen, kleine Schnitzwerke und bronzene Vierundzwanzigpfünder im Maßstab von 1 : 4, 1 : 10 oder 1 : 15 erfreuen sich großer Beliebtheit bei den Museumsbesuchern. Der Schiffsmodellbau kommt gleichfalls auf seine Kosten: Eine Mappe mit sieben Zeichnungen[76] im Maßstab von 1 : 100 regen zur detailgetreuen Anfertigung eines Standmodells an.

Vor dem Bau eines Fahrmodells soll jedoch nachdrücklich gewarnt werden, denn es würde wohl – hielte man sich exakt an die Abmessungen und Gewichtsangaben – bei der Jungfernfahrt kentern ...

Die endgültige Heimstatt der WASA

»Das Flaggschiff Gustavs II. Adolf hat nach einer langen Odyssee seinen letzten Hafen erreicht, nur wenige hundert Meter von der Stelle entfernt, wo die WASA im 17. Jahrhundert auf Kiel gelegt worden war, präsentiert sie sich heute der Öffentlichkeit in einem ihr würdigen Museum.«

Anders Franzén, Begründer der modernen Marinearchäologie im Ostseeraum
und Entdecker der Regalschiffe WASA und KRONAN

Seit ihrer Bergung im April 1961 ruhte die WASA auf einem Betonponton, dem Fundament der zur Wasavarvet gehörenden Schiffshalle. Ursprünglich nur für 15 Jahre vorgesehen, machte sich immer mehr das Provisorische der Glas-Aluminium-Konstruktion bemerkbar. Schäden am Dach ließen Regenwasser durch, hinzu kam relativ viel Kondenswasser durch Temperaturschwankungen bis zu 30 Grad Celsius — Erscheinungen, die jedes Museum abzuwehren versucht.

Seit langem gab es für ein neues Haus mehrere Pläne. Deren Realisierung scheiterte nicht nur an den mitunter ungeeigneten Standorten (die WASA konnte am besten auf dem Wasserweg in ihr letztes Domizil gebracht werden — der Aktionsradius war aber wegen Brücken und Uferbebauung im Stadtzentrum begrenzt), sondern vor allem an den Kosten.

Im Herbst 1981 schrieb das Schwedische Bau- und Planungsamt (verwaltungsmäßig verantwortlich für staatliche Bauvorhaben) einen skandinavischen Architektenwettbewerb für das endgültige WASA-Museum aus, um ein günstiges Projekt in die Finanzdiskussion einbringen zu können. Der Wettbewerb (Vorgabe: 6 000 m^2 Fläche, davon 3 425 m^2 für Ausstellungszwecke) begann am 19. Dezember 1981 und endete am 5. April 1982. Mit 384 Einsendungen lag die Beteiligung weitaus höher als bislang bei ähnlichen Wettbewerben in Skandinavien. Die verhältnismäßig hohe Zahl eingereichter Arbeiten bewies das große Interesse am weiteren Schicksal der WASA.

Die aus neun Experten bestehende Jury sorgte zunächst dafür, daß sämtliche Vorschläge ausgestellt, viele obendrein in den Medien (Presse, Funk und Fernsehen) ausführlich erläutert wurden — anonym natürlich. Auf diese Art bezog man die Bevölkerung in den Entscheidungsprozeß mit ein. Schließlich ging es um ein Museumsjuwel, um die letzte Heimstatt eines Schiffes, das die meisten Schweden als Nationalheiligtum verehren.

Das letzte Wort hatte die Jury: Unter Berücksichtigung der öffentlichen Meinung entschied sie sich für zwei Einsendungen und vergab zwei erste Preise. Der eine ging an das dänische Architektenduo Johan Fogh und Per Følner für den Beitrag »In hundert Jahren werden die (Bau)Kosten vergessen sein«, der andere an das Stockholmer Architektenpaar Ove Hidemark und Göran Månsson für den Entwurf »Das Kästchen« (in Anlehnung an ein »Schatzkästlein«).

So schön es war, auf zwei preisgekrönte Konzeptionen für ein WASA-Museum zurückgreifen zu können — die Lösung des eigentlichen Problems wurde dadurch nicht leichter. Außerdem kam erschwerend hinzu, daß beide Arbeiten auf der Grundlage unterschiedlicher Plätze im Gelände der historischen Galärvarvet beruhten.

Das Schwedische Bau- und Planungsamt sah sich angesichts dieser Situation gezwungen, die Preisträger um Überarbeitung ihrer Entwürfe zu bitten (unter Be-

März 1987: Die Planierungsarbeiten um das Dock vor dem Nordischen Museum sind in vollem Gange.

Spätherbst 1987: Das Fundament des neuen Museums läßt die Größe der künftigen Schiffshalle ahnen.

Einige Wochen später.

Sommer 1988: Der Bau geht zügig voran. Von seinem Standardplatz aus kann der Fotograf immer weniger vom Nordischen Museum ausmachen.

Blick in die Schiffshalle.

achtung der Jury-Hinweise, insbesondere den Standort des Museums betreffend). Als dies geschehen war, wurden beide Einsendungen sowohl dem Staatlichen Seehistorischen Museum als auch der Stadtverwaltung von Stockholm und dem Aufsichtsrat des Königlichen Djurgårdenparks zur Begutachtung überreicht.

Während sich Museum und Stadtverwaltung für den schwedischen Entwurf entschieden, befürwortete der Aufsichtsrat den dänischen. Die Jury – nunmehr als Berateraktiv wirkend – stimmte mit sechs gegen drei Stimmen für die Konzeption des Architektenpaars Hidemark und Månsson und vermerkte unter anderem dazu: »Mit seinen Farben (Schwarz, Weiß, Rot und Grün – d.A.), Flaggen und Masten, Dachvorsprüngen, Erkern, Brükken und Laternen hat sie sowohl strengen als auch heiteren Charakter, der bei der Bauausführung unbedingt beibehalten werden müßte ... das Gebäude erinnert an ein barockes Schauspiel und spiegelt auf geglückte Weise die Atmosphäre jener Zeit wider, paßt sich daher wundervoll dem Djurgården-Ensemble an.«

Mit dieser Einschätzung ergänzte das Beraterkollektiv äußerst sinnvoll die Entwurfsbegründung des Architektenpaares: »Das Museumsgebäude soll als organische Einheit verstanden werden, die aus ihrem Inhalt und ihrer Umgebung abgeleitet ist. Aus dem großen, geschwungenen Kupferdach ragen die anderen Architektur-Elemente heraus: begrünte Dachterrassen, die dem felsigen Baugrund entsprechen, Arkaden am Haupteingang, die in den Park hinausführen, der nachgebildete obere Teil der Takelage, der symbolisch schon von weitem auf das WASA-Museum aufmerksam macht, die riesige Schiffshalle, die gemäß ihrer Aufgabe auch in der Dachkonstruktion ihre Fortsetzung findet sowie die wie Veranden wirkenden Galerien an der Wasserseite ... das alles gleicht einer architektonischen Landschaft.«

Nachdem die Entscheidung zugunsten des schwedischen Entwurfes gefallen war, beantragte das Bau- und Planungsamt am 25. April 1983 bei der Regierung die Genehmigung zur Erarbeitung der Planungsunterlagen. Diese wurden bereits im Frühjahr 1984 eingereicht, damit die veranschlagten Baukosten in Höhe von 175 Millionen Kronen rechtzeitig – spätestens ab dem Haushaltsjahr 1986 – bereitgestellt werden konnten. Als wichtiger Ecktermin in der Planung galt sowohl für die Bauausführenden als auch für die Museumsdirektion der Spätherbst 1988. Zu diesem Zeitpunkt wollte man die WASA in ihr neues Haus schleppen.

Die Errichtung des Museumsneubaus war das eine, seine anschließende Ausstattung das andere. Hier soll jedoch weniger auf die übliche Haustechnik oder die Inneneinrichtung, sondern vielmehr auf die vorbereitende Ausstellungsgestaltung eingegangen werden. Selbst dem Laien dürfte verständlich sein, daß die von einer ständigen Ausstellung (noch dazu von einer solchen Ausmaßes) geforderte effektive museumspädagogische Darstellungsweise nicht nach wochen- oder monatelangen, sondern erst nach jahrelang geführten Diskussionen konkrete Gestalt annehmen kann. Im vorliegenden Fall begann die allgemeine Aussprache um den Inhalt der endgültigen Museumsabteilungen 1977 – von vereinzelt geäußerten früheren Ansichten einmal abgesehen.

Als 1984 die Planungsunterlagen für das WASA-Museum abgeschlossen wurden, bestanden also über Art und Umfang der Ausstellungsdetails bereits relativ feste Vorstellungen. Es kam nunmehr darauf an, diese mit den sich anbietenden Möglichkeiten im Gebäude in Übereinklang zu bringen, sie zu konkretisieren und sie danach in einem in sich geschlossenen »Drehbuch« zu vereinen. Zuständig dafür war die unter Lars-Åke Kvarning gebildete Koordinierungsgruppe, der Urban Stenbäck, Gunnar Nordlinder, Hans Soop, Klas Helmerson und Erling Matz angehörten.

Bald herrschte Einigkeit über die Struktur des Museums. Ausgenommen die dem Regalschiff zugedachte zentral gelegene Halle, sollten auf einer 1 700 m^2 großen Fläche folgende neun Abteilungen das innere Bild bestimmen:

Thematik	m^2	Produzent	Ausstellungsarchitekt
Die WASA im 20. Jahrhundert	150	Hans Soop	Gösta Hillfon
Die WASA im 17. Jahrhundert	150	Urban Stenbäck	Sapphos-Kollektiv
Schweden zur WASA-Zeit	100	Hans Soop	Marianne Dahlbäck
Schiffbau im 17. Jahrhundert	300	Gunnar Nordlinder	Marianne Dahlbäck
Marinearchäologie in Schweden	150	Urban Stenbäck	Gösta Hillfon
Die Skulpturen der WASA	150	Hans Soop	Gösta Hillfon
Das Leben an Bord	350	Urban Stenbäck	Ulf Axén
Seekampf im 17. Jahrhundert	200	Gunnar Nordlinder	Ulf Axén
Die Takelage der WASA	150	Gunnar Nordlinder	Ulf Axén

Zum Jahreswechsel 1985/86 konstituierten sich für die neun Abteilungen Produktionsgruppen, die das bestätigte Ausstellungslayout mit Leben zu erfüllen hatten. Jede Gruppe bestand aus einem leitenden Museologen als Produzenten, seinem Assistenten, dem Ausstellungsarchitekten und einigen Handwerkern. Produzenten und Architekten widmeten sich mehreren Abteilungen, wie aus vorstehender Übersicht erkennbar ist.

Man fertigte die einzelnen Ausstellungselemente vorwiegend in den Werkstätten an, sozusagen »hinter den Kulissen«. Aus besucherfreundlichen Gründen ließ die Museumsdirektion jedoch auch gewisse Details unter den Augen der Öffentlichkeit entstehen. So konnten zum Beispiel Gäste des Staatlichen Seehistorischen Museums verfolgen, wie unter den geschickten Händen von G. Forss ein ca. sechs Meter langes und fünf Meter hohes Modell der getakelten WASA allmählich Gestalt annahm (Maßstab 1:10). Insgesamt benötigte Forss für das Modell rund 13 000 Arbeitsstunden — für den Rumpf 3 880, für die Takelage 3 620, für die Segel 890 und für die Skulpturen 4 600 Stunden. Jetzt steht sein Werk nahe der achternen Backbordseite des Regalschiffes in der zentralen Halle.

In der Wasavarvet — genauer gesagt auf ihrem Hof — bot man 1988 dem Besucher ebenfalls Anschauungsunterricht im praktischen Schiffbau: Wie ihre Berufskollegen im 17. Jahrhundert schufen 4 Zimmerleute (Göran Näsvall, Anders Karlgren, Åke Bredelis und Ossi Gröndahl) mit Säge und Axt Dutzende Planken und Balken, 40 Decksknie und andere Konstruktionsdetails für einen original nachzubildenden 24 Meter langen Decksabschnitt — das obere Batteriedeck mit sich anschließender Admiralitätskajüte. Das Holz stammte von der Insel Visingsö des Vätternsees.

1829 hatte Karl XIV. Johan (Bernadotte) von Schweden auf dem Eiland einen 30 000 Bäume umfassenden Eichenbestand in dem Glauben anpflanzen lassen, daß man um die Jahrtausendwende noch immer hölzerne Seeschiffe bauen und dann für diesen Zweck genügend Rohmaterial vorhanden sein würde. Die alten Eichenstämme kamen den gegenwärtigen WASA-Handwerkern bei der Verwirklichung ihrer Aufgabe sehr zustatten. Vor allem waren sie über solche Bäume erfreut, die ungewöhnlich grobe und im richtigen Winkel gewachsene Astgabeln aufwiesen. Dadurch konnten sie für den Decksabschnitt natürlich geformte Stücke verwenden, mußten keine »Kunstkniffe« anwenden.

Was geschah indessen auf dem Gelände der Galärvarvet? Nach dem symbolischen Spatenstich für den letzten Liegeplatz des Regalschiffes im Oktober 1986 wurden der felsige Baugrund planiert und das Bekken der ehemaligen Dockanlage verändert. Anschließend — am 2. November 1987 — erfolgte durch Prinz Bertil die Grundsteinlegung für den Museumskomplex. Am gleichen Tage startete man zugunsten der WASA eine Sonderlotterie, die einen Erlös von ungefähr zehn Millionen Kronen erbrachte. Der Staat garantierte zwar einerseits die Finanzierung des Projektes, war jedoch anderseits bestrebt, zusätzliche Einnahmen zur Deckung der Baukosten zu erzielen. Außerdem warb eine in jenen Tagen gegründete Stiftung (Vorsitzende des WASA-Komités: Berit Rollén) um kapitalkräftige Förderer des Baus.

Ähnlich wie Ende der fünfziger Jahre die Bergungsarbeiten nur mit Unterstützung von Privatpersonen, Institutionen und Unternehmen ermöglicht worden waren, trug auch diesmal wieder ein Förderkreis zum erfolgreichen Abschluß des Vorhabens bei (Die Metallwerke aus Västeràs stellten zum Beispiel nahezu 104 Tonnen Kupferblech für das Museumsdach zur Verfügung.).

Und am 4. September 1988 schloß die Wasavarvet für immer ihre Pforten. Die Vorbereitungen für die letzte Reise des Großseglers liefen auf Hochtouren. Danach bugsierte man die auf ihrem Ponton stehende WASA am 6. Dezember in das alte Dock der Galärvarvet, in den Museumsrohbau. Bis zur Eröffnung der Kulturstätte im Juni 1990 sollte sie der Allge-

13 000 Arbeitsstunden veranschlagte Göran Forss für das maßstabgerechte Modell der WASA (1:10).

Das etwa 6 m lange und 5 m hohe Schiffsmodell wurde unter den Augen der Öffentlichkeit gebaut.

meinheit — bis auf die Touristensaison vom 1. Mai bis 31. August 1989 — verborgen bleiben. In dieser Zeit arbeiteten Museologen und Handwerker unter einem Dach: die einen begannen mit der Ausstellungsgestaltung, die anderen legten Hand an, um Dachkonstruktionen und Mauerwerk zu vollenden, um dem Haus sein endgültiges Aussehen zu geben.

Schließlich war er da, der langersehnte Tag, der alle Mühen vergessen ließ: In Anwesenheit von viel Prominenz wurde am 15. Juni 1990 das WASA-Museum feierlich eröffnet. Der Besucher ist bereits beim Betreten des Foyers überwältigt. In 25 Metern Entfernung sieht er aus idealem Blickwinkel heraus das Schiff in majestätischer Größe. Die vorzügliche Raumaufteilung gestattet, den WASA-Rumpf mit den unteren Mastpartien von allen Seiten und von verschiedenen Höhen (Kiel-Ebene, Wasserlinien-Ebene = Erdgeschoß, zwei übereinanderliegende Balkonrampen) und Richtungen aus zu betrachten. Man erhält also nicht nur einen Gesamtüberblick, sondern hat auch die Möglichkeit, viele Einzelheiten aus der Nähe ausführlich kennenzulernen.

Auf allen vier Ebenen rund um die Hauptattraktion sind die erwähnten neun Abteilungen plaziert. Sie vertiefen Harmonie und Atmosphäre, die die zentrale Halle ausstrahlt. Obwohl wichtige inhaltliche Fakten ausführlich in den vorangegangenen Kapiteln behandelt worden sind, sollen die einzelnen Abteilungen trotzdem

Das Westufer der Insel Djurgården: Im Vordergrund der Rohbau des neuen Wasamuseums auf dem Gelände der historischen Galärvarvet, dahinter die provisorische Wasavarvet. Hier bereitete man die WASA auf ihre letzte Reise vor, demontierte das Pontonhaus und verpackte den Schiffsrumpf.

6. Dezember 1988: Drei Schlepper — HERO, OTTO und KNUT — bugsierten die auf ihrem Ponton aufgepallte und sorgsam verpackte WASA zum letzten Liegeplatz.

kurz vorgestellt werden: Die Einstimmung des Museumsgastes erfolgt in der Abteilung »Die WASA im 20. Jahrhundert«. Da sind auf einer 5 Meter langen und 2 Meter hohen Reliefkarte die einzelnen Fahretappen dargestellt — vom »Schiffshof des Königs« bis zum jetzigen Museum (siehe S. 42); auf Fotos kann man Anders Franzéns erfolgreiche Suche mit Draggen und Stechrohr sowie das Originalstechrohr und das mit diesem Gerät aus der Tiefe geholte Stück Eichenholz sehen; auf 10 Schautafeln mit Fotos, Skizzen und Zeitungsartikeln wird an die erste Phase der neueren WASA-Geschichte erinnert (Exponate: Löwenmaskaron — Fundnummer 22, siehe S. 48 — und die 3 markanten Utensilien: Tabakspfeife, Mütze und Jacke des Cheftauchers Per Edvin Fälting); ein Helmtaucher mit Saugrohr und Zetterströmschem Mundstück sowie eine entsprechende Zeichnung vermitteln Eindrücke vom »Tunnelgraben« (siehe S. 61); ein Modell verdeutlicht die bislang einmaligen marinearchäologischen Hebearbeiten (siehe S. 79).

Auch in der Abteilung »Die WASA im 17. Jahrhundert« herrscht als Gestaltungselement das Bild vor: Am 18. Januar 1628 besuchte Gustav II. Adolf seinen »Schiffshof« und sprach dort mit Henrik Hybertssons Witwe Margarete Nilsdotter, deren verbürgter Satz »Ich mußte doch den Kontrakt erfüllen, den mein seliger Mann eingegangen war!« den Inhalt dieser Panoramadarstellung bestimmt; eine große Reliefkarte der politischen Verhältnisse in Nordeuropa macht den Kampf um die

Den etwa 300 m langen Überführungsweg bewältigte die WASA in 20 min — das Schiff hatte nunmehr eine Strecke von insgesamt 5 700 m zurückgelegt, davon knapp die Hälfte im Jahre 1628.

Vormachtstellung im Ostseeraum deutlich (Schwedens Vorbereitung auf den Dreißigjährigen Krieg, Flottenbasen und -stärke aller Ostseestaaten); mehrere Detailzeichnungen vom Werftbetrieb gehen auf das Baugeschehen um die WASA ein — ein bewegliches Modell dokumentiert Stabilität und Ballastverteilung des Schiffes; die Katastrophe während der Jungfernfahrt und die Jahrzehnte danach erfolgte Kanonenbergung durch Hans Albrecht von Treileben (siehe S. 53); in einem abgeteilten, etwa 60 Quadratmeter großen Raum mit 35 Sitzplätzen kann der Besucher die

Das Verholen in die Schiffshalle erfolgte äußerst vorsichtig, da zwischen Ponton und Dockwand der Spielraum nur jeweils 40 cm betrug.

damalige Gerichtsverhandlung im Schloß »Weshalb kenterte die WASA?« verfolgen (nachgestaltet durch Mobiliar, Puppen beziehungsweise Silhouetten) — neun Projektoren sorgen in einem Bildspiel für einen abwechslungsreichen zehnminütigen Dia-Ton-Vortrag.

Die aus zwei recht großen Bildflächen bestehende Abteilung »Schweden zur WASA-Zeit« widmet sich vorrangig wirtschaftlichen und sozialen Aspekten. Man hat auf Zeichnungen von Lorenzo Magalotti (1637 bis 1712) aus dem Jahre 1674 zurückgegriffen und diese mit Zitaten aus Charles Ogiers Reisebeschreibung ergänzt (Der Franzose reiste 1634 von Kalmar nach Stockholm und verbrachte den folgenden Winter in Dalarö.). Sowohl ausgewählte Textstellen als auch Bilder (zum Beispiel »Armes Volk«, »Überfluß und Elend«, »Wege nach Stockholm«, »Macht der Kirche«, »Frauen«, »Trunksucht der Schüler«, »Ausländer«, »Fahrzeuge in engen Gassen«, »Adelsbräuche«) gewähren äußerst aussagekräftige Einblicke in viele Lebensbereiche des damaligen Schwedens.

Wegen der reichhaltigen Ausschmükkung des Schiffes ist die Abteilung »Die Skulpturen der WASA« geteilt und auf zwei verschiedenen Ebenen untergebracht. Der erste Teil befindet sich wie die bisher genannten drei Abteilungen im Erdgeschoß, der zweite Teil auf dem oberen Balkon.

In dem neben der Steuerbordseite plazierten 1. Abteilungsabschnitt werden auf einer 36 Meter langen Fläche die wichtigsten Skulpturen (Kopien) vorgestellt und ihre Funktionen erklärt. So lassen sich mit

Das Ende der Restaurierungsphase ist bereits abzusehen.

Oberes Deck, achtern.

den am Rumpf angebrachten Originalen leicht Vergleiche anstellen und dadurch die Stücke richtig zuordnen. Im nahegelegenen Bildspielraum (siehe Abteilung »Die WASA im 17. Jahrhundert«) wird man zusätzlich in einem ebenfalls zehnminütigen Dia-Ton-Vortrag mit den Sagen vertraut gemacht, deren Haupthelden einst die Skulpturenschnitzer als Motiv gewählt hatten.

Der zweite Abteilungsabschnitt ist beim Achterkastell konzentriert. Der Betrachter steht praktisch den Kriegern der Heckgalerien oder den Figuren der Seitengalerien Auge in Auge gegenüber. Dreht er sich um, erhält er an einer insgesamt 27 Meter langen — zweigeteilten — Schauwand Informationen über holländische und deutsche Bildhauerkunst des Barocks auf schwedischen Werften, über die Arbeitsmethoden der Meister und über die Behandlung des Materials.

An diesen Ausstellungsabschnitt schließt sich nach Backbord zu die Abteilung »Die Takelage der WASA« an. Da die Takelage mit ihrem mehr als 50 Meter hohen Großmast aus Platzgründen nicht vollständig im Original gezeigt werden kann, dient eine verkleinerte Nachbildung (Maßstab 1:50) zur verständlichen Erläuterung vieler interessanter Einzelheiten. Daß noch etliche Originalgegenstände den Komplex bereichern, versteht sich von selbst.

Der Platz des Modells ist zudem gut gewählt: Die Besucher haben von hier aus einen ausgezeichneten Blick über das Deck der WASA, wodurch sie wie bei den Skulpturen vergleichen können. In engem Zusammenhang mit der Takelage steht die

Segelherstellung. Ein entsprechender Webstuhl aus dem Jahre 1644 (Bestand des Statens Sjöhistoriska Museums), Segeltuch und das konservierte Besanbonett der WASA bestimmen als Exponate diesen Ausstellungsteil.

Die Abteilung wird abgerundet durch die Gruppen »Handhabung des Takelwerks«, »Segeleigenschaften« und »Navigation und Steuermannskunst«. In überlieferten Zitaten wie zum Beispiel »Zuerst soll jeder Kapitän den Ballast ordentlich verstauen, so daß sich sein Schiff leicht segeln läßt, danach hat er es mit dem Ruder so zu steuern, daß es nicht kentert ...« (Admiral Klas Fleming, 1628) oder »Am nächsten Donnerstag werde ich in See stechen, so Gott und Wind es mir erlauben ...« (Reichsadmiral Göran Gyllenstierna, 1612) kommen sowohl die verantwortungsvollen Aufgaben der Offiziere als auch die für die damaligen Seeleute wichtigsten beiden Faktoren zum Ausdruck: Gott und Wetter. Ein Diorama (Maßstab 1:200) vom Stockholmer Schärenarchipel (Ausschnitt) ist in einem Rondell von zwei Metern Durchmesser aufgebaut. In dem Inselgewirr segeln und ankern Schiffe, wird gewarpt und bugsiert — ein anschauliches Bild von der schwierigen Navigation in jenem Gebiet.

Auf den Kriegsschiffen des 17. Jahrhunderts war es eng und dunkel, kalt und feucht. Wie die Männer unter diesen Bedingungen arbeiteten, wie sie ihre karg bemessene Freizeit verbrachten und welche Strafen ihnen bei Verstößen gegen die Disziplin drohten — darüber gibt die Abteilung »Das Leben an Bord« auf dem unteren Balkon Auskunft (Backbordseite). Großen Raum nimmt das rekonstruierte obere Batteriedeck mit sich anschließender Steuerplicht und Admiralskajüte ein. Kopien von Kanonen, Gebrauchsgegenständen und anderen Requisiten — bedient oder benutzt von verschiedenartig

Die Steuerbordseite mit offenen Stückpforten — unteres und oberes Batteriedeck.

gekleideten Seeleuten (Puppen) — kennzeichnen das Milieu. Hier kann der Museumsgast, dem das Regalschiff nicht zugänglich ist, zwischen Geschützen und »Besatzungsmitgliedern« wandeln, sozusagen die innenbords herrschende Atmosphäre hautnah miterleben. Kajüte und Steuerplicht dagegen sind wie große Schauräume ausgelegt worden, in die man zwar hineinsehen, nicht aber hineingehen darf (siehe Seite 30).

Die Besatzung der WASA hätte, wären die vorgesehenen 300 Soldaten bereits eingeschifft gewesen, aus ungefähr 450 Personen bestanden. Ihre Zusammensetzung ist den reich illustrierten, übersichtlich angeordneten Tafeln zu entnehmen.

Als Übergang zu den Detailbereichen »Wache und Freiwache«, »Essen und Trinken« sowie »Barbier, Geistlicher und Profoß« gewährt ein im Maßstab 1:10 gefertigtes Längsschnittmodell der WASA Einblicke in das Schiffsinnere (siehe Seiten 18/19). Außer verschiedenen Gegenständen — 180-Liter-Kochkessel, Werkzeuge des Schiffszimmermanns, Kamm, Taschensonnenuhr, Tabakspfeife, Brettspiel, Krüge, Schüsseln, Teller, Zinnkanne, Löffel, Schuhe, Hut oder rekonstruierte Bekleidungsstücke — wird dieser Abteilungsteil durch Milieustudien des niederländischen Malers Adriaen Brouwer (1605 oder 1606 bis 1638) und durch charakteristische Seekriegsartikel aus dem Jahre 1628 bereichert. Hier drei Beispiele damaliger Gesetzgebung:

»Stiehlt oder raubt jemand an Bord Öre oder Öre-Werte, verliert er sein Leben — bei geringerem Diebstahl zumindest beide Ohren«;

»Demjenigen, der in Zorn sein Messer gegen einen anderen zückt, wird durch die Hand gestochen«;

»Wer Gottes Namen beim Meineid benutzt, wird ins Wasser geworfen und unter den Kiel durchgezogen« (sogenanntes »Kielholen«)!

Noch beeindruckt von den brutalen Strafen, die übrigens vom Bordgeistlichen gutgeheißen und vom Profoß vollstreckt wurden, gelangt der Besucher nach wenigen Metern in den Ausstellungskomplex »Seekampf im 17. Jahrhundert«. Ausgehend von der Schlacht bei Oliwa (1627 in der Danziger Bucht) wird zwar hauptsächlich auf die damalige Seekriegstaktik, aber auch auf einzelne menschliche Tragödien

Ein konserviertes Segel.

eingegangen. So haben die Museologen aus zeitgenössischen Schilderungen unter anderem solche typischen Details hervorgehoben wie »Selige Herren wurden mit der Muskete zuerst durch den Hals, dann in den Rücken geschossen — der Schiffskapitän so in den Hals, daß er sofort ins Hohlschiff stürzte« — oder »Mats Unterarme waren so zerschossen, daß das Fleisch herunterhing. Er bekam hochwertige Sakramente (Wein) zu trinken und einer von des Feindes Barbieren mußte ihm die Arme amputieren — jedoch bald atmete er nicht mehr«.

Ein weiteres Beispiel, diesmal aus der Instruktion von Admiral Klas Fleming — 1628 — zitiert, zeigt, wie der Besatzung Mut gemacht wurde: »Damit das junge Volk freimütig in den Kampf ziehe, gebe man den Männern zuvor einige Fässer Bier zu trinken.« Mit einem zwei- bis dreiminütigen Video-Trickfilm (Dauerbetrieb/unendlich) erfährt der Zuschauer wichtige Kriterien von Artilleriegefechten und vom Entern feindlicher Schiffe. Eine der drei noch vorhandenen WASA-Kanonen samt Zubehör sowie einige Handfeuerwaffen vervollständigen diese Abteilung.

Die Abteilung »Schiffbau im 17. Jahrhundert« — plaziert auf der Kielebene (Untergeschoß) — geht auf die »Geheimniskrämerei« damaliger Schiffsbaumeister ein. Bekanntlich arbeiteten die Meister nach einem Besteck (Maßangaben von den wichtigsten Fahrzeugpartien). Diese Zahlen wurden nur in den seltensten Fällen preisgegeben, alle übrigen Angaben nicht schriftlich niedergelegt. Eine gründliche schiffbauliche Analyse von der WASA machte es nachträglich möglich, viele solcher streng gehüteten Geheimnisse zu lüften, die Schiffskonstruktion in

Steuerbordseite: obere Seitengalerie.

allen Einzelheiten darzulegen. In der aus sieben Bereichen bestehenden Abteilung wird sowohl der eigentliche Bauvorgang als auch der allgemeine Werftbetrieb behandelt:

1. In einer 18 Meter langen und 4 Meter breiten Werkstatt kann das Publikum mit rekonstruierten Kransägen, Bohrern und Beiteln Eichenstämme bearbeiten, sich so in die Tätigkeit früherer Handwerker hineinversetzen.
2. Eine Spantenrekonstruktion (Querschnittssektion vom Rumpf) im Maßstab 1:1 beantwortet technologische Fragen.
3. Der Seehistoriker Björn Landström hatte auf der Wasavarvet mehrjährige Studien betrieben und dabei für sein Buch (siehe Literaturverzeichnis) pädagogisch wertvolle Zeichnungen angefertigt. Er übergab dem neuen WASA-Museum eine Auswahl davon, um in der Ausstellung auf einer 13 Meter langen Schaufläche den chronologischen Ablauf vom Bau eines Schiffes erläutern zu können.
4. Den Mittelpunkt einer milieugerecht aufgebauten Ankerschmiede des »Schiffshofes« von König Gustav II. Adolf bildet der 1 300 Kilogramm schwere und 4,50 Meter lange Pflichtanker der WASA. Das Inventar stammt jedoch nicht aus Museumsbeständen, sondern aus dem Hammerschmiedewerk von Bergslagen.
5. In Wort und Bild werden die Berufsgruppen vorgestellt, die auf der Werft vertreten waren: Zimmermänner, Drechsler, Bildschnitzer, Segelmacher, Schmiede, Glaser, Maurer, Seiler, Blockmacher, Flaggennäher usw. (siehe Seite 11 und Anmerkung 14).
6. Auf einer Fläche von annähernd 20 Quadratmetern versetzt ein Werftmodell (Maßstab 1:75) den Besucher in das Jahr 1627 zurück: Die WASA liegt zum Stapellauf bereit, für ein anderes Schiff ist gerade der Kiel gestreckt worden — am Ufer sind ein großer Segler und mehrere Boote vertäut.
7. Bedeutenden Raum — etwa 90 m^2 — nehmen die Zimmermannsarbeiten ein. Anschaulich werden die verschiedenen Stadien des Fertigungsprozesses demonstriert. Der Betrachter erfährt zum Beispiel, daß man für die WASA etwa 1 000 Eichen fällen mußte, wie die Stämme zur Werft transportiert und welche Werkzeuge (zum Teil Originalexponate) zum Bearbeiten der Hölzer verwendet wurden.

Der obere Teil des Heckspiegels.

Auf der Kielebene befindet sich auch die Abteilung »Marinearchäologie« mit dem großen Beiboot (siehe Seiten 68/69) und dem Buganker der WASA. Wie nicht anders zu erwarten, wird die kulturelle Bedeutung der WASA mit der anderer weltbekannter Wrackausgrabungen verglichen (MARY ROSE, Bremer Kogge, Wikingerschiffe von Roskilde, römische und griechische Wracks im Mittelmeerraum, SCOURGE und HAMILTON — zwei Schoner des 19. Jahrhunderts im Ontario-See —, Manilagaleone mit Porzellanladung). Außerdem gibt es einen geschichtlichen Abriß der schwedischen Unterwasser-Archäologie im Ostseegebiet. Originalfunde — meist Gebrauchsgegenstände — von der ELEFANTEN, der RIKSNYCKELN und dem »Älvsnabbenwrack« komplettieren diesen Ausstellungsteil. Die Fundstücke beweisen, daß auch aus weniger berühmten Wracks wahre »Schätze« ans Tageslicht geholt worden sind, daß in der Tiefe der Meere noch so manch archäologisch wertvolles Stück auf seine Entdeckung und Bergung wartet.

Die Vorstellung des neuen WASA-Museums wäre unvollständig, bliebe der Besucherservice unerwähnt. In der Wasavarvet hatte man pro Jahr durchschnittlich etwas mehr als eine halbe Million Gäste betreut. Während der Sommermonate betrug der Besucheranteil »ausländische Touristen« ungefähr 50 Prozent. Diesem Umstand trug die Direktion der neuen Kulturstätte Rechnung, indem sie sämtliche Ausstellungstexte neben der Landessprache in deutsch, englisch und französisch, bei besonderen Exponaten zusätzlich in spanisch und finnisch, abfassen ließ. In denselben Sprachen bietet man Museumspublikationen an — vom einfachen Faltblatt über den allgemeinverständlich verfaßten Katalog bis hin zum anspruchsvollen Fachbuch. Das Haus verfügt über drei Kinosäle (für 300, 150 und 50 Personen), in denen zu festgelegten Zeiten der populärwissenschaftliche WASA-Film vorgeführt wird (er ist in 11 Sprachfassungen vorhanden und dauert etwa 25 Minuten). Im Winter wird der kleine Kinosaal für Schulungskurse, der mittlere für Sonderausstellungen genutzt. Außerdem erklären mehr als ein Dutzend Hostessen des gut organisierten Führungsdienstes sowohl angemeldeten Gruppen als auch in bestimmten Zeitabständen interessierten Einzelbesuchern bei einem Rundgang die Geschichte des Schiffes.

Über die Funktion des letzten Domizils der prachtvollen »WASA von 1628« führte man auf der festlichen Eröffnungsveranstaltung aus, daß »hier eine großzügig nach pädagogischen Gesichtspunkten gestaltete Bildungsstätte entstanden ist, die allen Freunden der maritimen Kulturgeschichte offensteht« — ein Anliegen, dem nichts mehr hinzuzufügen ist ...

Der Name des Schiffes wurde damals nicht an die Bordwand geschrieben, sondern durch ein Symbol am Heckspiegel verdeutlicht. Bei der WASA war es die Getreidegarbe (schwedisch: vasakärven) im Herzschild des Reichswappens. In älteren Dokumenten erscheint der Dreimaster als WASAN oder VASAN beziehungsweise als WASEN oder VASEN. In der gotischen Schrift des 17. Jahrhunderts wurde für den w-Laut der Buchstabe »w« verwendet, der in der heutigen Sprache Schwedens (ausgenommen Personennamen) nicht mehr vorkommt — der w-Laut wird immer mit »v« geschrieben. Unterschiedliche Auffassungen bezüglich der Orthographie des Schiffsnamens führten dazu, daß der Schwede sowohl WASA als auch VASA schrieb. Das schwedische Sprachkomitee hatte sich seit langem für VASA als linguistisch richtige Schreibweise entschieden. Mitte 1989 folgte das Staatliche Seehistorische Museum dieser Empfehlung. Da im Deutschen jedoch das »W« für Wasadynastie gebräuchlich ist, wurde in der vorliegenden Buchausgabe der Schiffsname nicht verändert.

WASA-Zeittafel

1625 Gustav II. Adolf erläßt den Befehl zum Bau der WASA.

1628 Am 10. August sinkt das Schiff während seiner Jungfernfahrt im Stockholmer Hafen.

1664 Mit primitiven Taucherausrüstungen werden 53 der 64 Bronzekanonen geborgen.

1920 Bei Forschungsarbeiten im Zusammenhang mit der 1628 gesunkenen RIKSNYCKELN stößt man auf Dokumente, in denen das WASA-Unglück erwähnt wird.

1954 Anders Franzén beginnt mit der Wracksuche.

1956 Die WASA wird lokalisiert.

1957 Taucher schaffen die Voraussetzungen für eine spätere Bergung.

1959 Die WASA wird von 32 in 16 Meter Wassertiefe gebracht.

1961 Im April wird das Schiff gehoben, ins Trockendock geschleppt und auf einem Betonponton verankert. Nachdem um den WASA-Rumpf eine Aluminiumhalle errichtet wurde, bugsierte man das gesamte System zur neuerbauten WASA-Werft.

1962 Ab 16. Februar kann die Öffentlichkeit die Konservierungsarbeiten verfolgen.

1964 Die WASA-Werft wird dem Staatlichen Seehistorischen Museum angeschlossen.

1965 Eine neue Konservierungsphase wird durch das neuartige Berieselungssystem eingeleitet, die Restaurierung beginnt.

1967 Am Unglücksort werden die Taucherarbeiten beendet – Ergebnis der fünfjährigen Untersuchungen: 3500 Einzelfunde.

1968 Das Pontonhaus wird erweitert, da die WASA größer ist, als ursprünglich angenommen.

1979 Abschluß des Konservierungsprozesses, Forcierung des Wiederaufbaus.

1988 6. Dezember: Überführung der WASA zum neuen Museum auf dem Gelände der Galärvarvet. Dort Abschluß der Restauration.

1990 15. Juni: Eröffnung des Museums durch den schwedischen König.

Anmerkungen

1 Um das Einlösegeld für die von den Dänen eroberte Festung Älvsborg aufzubringen, hatten sogar die königliche Familie sowie Herzöge und Fürsten kostbare Silbergegenstände zum Einschmelzen an das Münzwerk abgeliefert.

2 Die Flotte diente vor allem dem Truppentransport und der strategischen Präsens, weniger militärischer Operationen.

3 Der ursprüngliche Schiffshof beim Königshof »Tre Kronor« wurde inzwischen nach Skeppsholmen, dem heutigen Blasieholmen, verlegt. Skeppsholmen ist nicht zu verwechseln mit der Felseninsel gleichen Namens, sie erhielt diese Bezeichnung erst 1640.

4 Silber- oder Reichstaler. Der Pachtvertrag schloß die Unterhaltung der Takelage aus. Dies blieb auch weiterhin R. Clerck vorbehalten. Monier kooperierte mit der Krone auch auf anderen Gebieten, so betrieb er die kriegswichtige Pulverfabrik in Nacka.

5 Als Clerck 1625 starb, übernahm Admiral Fleming seinen Posten, ohne je den Titel »Holmadmiral« zu erhalten.

6 Regalskepps (Regalschiffe) wurden nach den Reichsregalien, der Hauptstadt oder der königlichen Familie benannt (lateinisch ›regius‹ bedeutet königlich).

7 Ende des Jahres bestand die Flotte aus 72 Schiffen (4 Regalschiffe, 8 Kriegsschiffe, 20 kleine Schiffe, 40 Pinassen oder Galeeren; Maßangaben siehe 2. Kapitel).

8 Arent Hybertsson mußte bei ausländischen Banken Kredit aufnehmen, um den Verpflichtungen gerecht werden zu können.

9 Diese Vermutung basiert auf Eintragungen in den Kontobüchern der Werft. Dort heißt es in diesem Zusammenhang oft »das hat Vater bezahlt und quittiert« oder »das hat Mutter« bzw. »der Onkel besorgt«.

10 Die schiffsbautechnischen Arbeiten übernahm Hein Jacobsson, ein Landsmann der beiden Brüder. Er war bereits seit Beginn der zwanziger Jahre auf der Werft tätig. Ihn unterstützte der in den småländischen Wäldern beschäftigte Meister Johan Isbrantsson (Sohn des Isbrant Johansson), sobald sich dieser einmal in Stockholm aufhielt.

11 In Bergslagen stellte eine Großschmiede für alle schwedischen Werften die einzelnen Ankerteile her.

12 Zu den Aufgaben der Grobschmiede gehörte auch die Anfertigung des auf der Werft benötigten Werkzeuges.

13 Benannt nach Richard Clerck und seinem Nachfolger Hans Clerck.

14 Manche Handwerker waren auf der Werft nicht fest angestellt. Sie wurden nur zeitweilig verpflichtet oder arbeiteten im Lohnauftrag: zum Beispiel Lafettenbauer, Stückgießer für Blockscheiben, Schneider für die Innendekoration der Offizierskajüten oder der Uhrensteller, dessen einzige

Aufgabe darin bestand, regelmäßig die Werftuhren auf Ganggenauigkeit zu prüfen.

15 Meister Clausink durfte sich als langjähriger festangesteller Werftangehöriger ein eigenes Wohnhaus auf Helgeandsholmen bauen. Redtmer, gleichfalls ein Deutscher, wohnte und arbeitete in einem Bürgerhaus nahe der Jacobskirche, in der er nach seinem Tod 1665 beigesetzt wurde. Wo der Holländer Tijsen seine Wohnung und Werkstatt hatte, ist nicht bekannt.

16 Bei der WASA machten sich im Detail jedoch auch schwedische Einflüsse bemerkbar.

17 Diese Methode hatte Vorteile: Ein Teilschiff ließ sich aus gewichtsmäßigen Gründen leichter als ein vollkommen fertiggestelltes Fahrzeug zu Wasser bringen. Weiterhin konnte das am Kai liegende schwere Baumaterial bequemer zu einem bereits schwimmenden Schiff transportiert werden.

18 Ein läst (dt. Last) entsprach 18 Scheffeln Roggen, das waren etwa 1,6 Tonnen.

19 Fast alle Matrosen wurden gezogen. Sie dienten nur ein Jahr, während Offiziere, Unteroffiziere und ausgebildete Seeleute für eine längere Zeit angestellt waren (Musterungsprinzip in den Städten: Zuerst erhielt jeder zehnte taugliche Bürger den Einberufungsbefehl, danach alle Handwerker und Einwohner, die keine Bürgerrechte besaßen sowie aufgegriffene Landstreicher).

20 Meist mit dem Fahrwasser vertraute Schärenbewohner.

21 Stroemmen ist ein Gewässerabschnitt des Stockholmer Hafens.

22 Bei den späteren archäologischen Arbeiten fand man im Schiffsrumpf die Skelettreste von 18 Opfern. 12 davon wurden 1963 auf dem Marinefriedhof der Galärvarvet beigesetzt, die übrigen verblieben zwecks wissenschaftlicher Untersuchung und Auswertung in verschiedenen Instituten (nach einem Schriftstück aus dem Jahre 1628 sollen »ungefähr 30 Personen – Seeleute, Frauen und Kinder –, die nach Vaxholmen mitfahren wollten« bei dem Schiffsuntergang umgekommen sein).

23 Die WASA wog unter Wasser immerhin rund 700 Tonnen.

24 Diese und die 1972/73 aus dem Wrack der RIKSNYCKELN geborgenen Bronzekanonen sind heute im Stockholmer Seehistorischen Museum ausgestellt.

25 Grundprinzip des Schiffbaus ist, daß ein Schiff die von außen nach innen gerichtete Druckkraft auszuhalten hat.

26 Das nach dem Konstrukteur Arne Zetterström benannte Mundstück richtete einen Strahl zum Spülen nach vorn, während gleichzeitig die gleiche Wassermenge nach hinten austrat, so daß kein Rückstoß erzeugt wurde (Vorläufer der heutigen Spüllanze).

27 Die letzten Meter mußten im Liegen gespült werden. Dabei befand sich das Saugrohr neben dem Taucher.

28 Während der Wintermonate wurden die Arbeiten an der Fundstelle vom 16. Dezember bis Anfang April 1959 unterbrochen.

29 Zur Zeit des WASA-Baus hatte der Barock auf dem europäischen Kontinent seinen Höhepunkt. Obwohl Schweden noch sehr im Einfluß der deutsch-holländischen Spätrenaissance stand, weist so manche Schnitzerei des Schiffes bereits typische Merkmale des Barocks auf.

30 Die Taucher arbeiteten nach der Wrackbergung noch bis zum 27. Oktober 1967 im Fundgebiet. Eine Fläche von 100 Metern Länge und 45 Metern Breite suchten sie buchstäblich Zentimeter für Zentimeter systematisch ab. Mehr als 15000 Kubikmeter Schlamm saugte man ab. So konnten noch etwa 4000 Einzelfunde gemacht werden, darunter etwa 2300 Konstruk-

tionsdetails, etwa 650 Bildwerke, etwa 170 Takelungsstücke und das große Beiboot der WASA (11,5 m lang, 3,15 m breit).

31 Die auf den Pontons befindlichen hydraulischen Hebeböcke sind anfangs bewußt nicht benutzt worden, da die Entfernung zwischen den am weitesten achtern und den vordersten Hebeböcken nur 24 Meter betrug und ein großer Teil der WASA hätte »überhängen« und abbrechen können. Man konzentrierte sich deshalb auf die Hebekraft der 35 Meter langen Pontons.

32 Die Pontons besaßen keine eigenen Dampfkessel. Der für die Pumpen benötigte Dampf wurde von Begleitfahrzeugen zugeführt.

33 Das Oberdeck ist im 17. Jahrhundert, während der erfolglosen Bergungsversuche, teilweise zerstört worden, so daß die obere Batterie an vielen Stellen praktisch offen war.

34 29 unterschiedlich große Anker, die sich während der vergangenen 332 Jahre im Wrack verfingen und aufgegeben werden mußten, sind aus der WASA geborgen worden.

35 Der Masseverlust ist auf das erste Aufräumen im Schiffsrumpf zurückzuführen: Etliche Kubikmeter Schlamm, viele schwere Eichenhölzer und ein weiteres Kanonenrohr wurden entfernt.

36 Jedes Objekt erhielt ein numeriertes Plastetikett.

37 Die 80 bis 95 Zentimeter hohen Figuren verzierten einst die Steuerplicht. Als Instrumente sind Flöte, Dudelsack, Harfe, Violine, Bratsche und zwei Lauten zu erkennen.

38 Der zähe, klebrige Schlick füllte fast den gesamten Rumpf, er reichte zu diesem Zeitpunkt bis etwa 40 Zentimeter über das Deck der oberen Batterie.

39 Knochenreste ließen diesen Schluß zu.

40 Dieser Ring war das einzig goldene Schmuckstück, das an Bord entdeckt wurde.

41 Auch die für den 17. Juni vorgesehene öffentliche Besichtigung des Regalschiffes wurde verschoben.

42 Die WASA teilte jetzt das Trockendock mit dem Eisbrecher YMER.

43 An diesem Tag wurde die Wasavarvet (WASA-Werft), so der Name des Museums, unter dem Salut zweier WASA-Kanonen durch König Gustav VI. Adolf von Schweden eröffnet.

44 Die unter Punkt 1 bis 7 genannten Konservierungsmethoden sind hier nur angedeutet.

45 Die PEG-Konservierungsmethode ist eine Erfindung von Rolf Morén und Bertil Centervall und wurde unter der Nummer 157302 beim schwedischen Pantentamt registriert.

46 Mit PEG 4000 wurden später unter anderem die äußere Oberfläche des Schiffsrumpfes und kleinere Holzfunde behandelt – durch Temperaturerhöhung erfolgt eine Beschleunigung des Konservierungsprozesses.

47 Zu diesem Zeitpunkt (Herbst 1961) befand sich die WASA bereits an dem geplanten Liegeplatz, der provisorischen WASA-Werft Djurgården.

48 In dem 1962 auf der Insel Beckholmen errichteten Konservierungsgebäude gab es an größeren Behältern nur zwei je 20 Meter lange Bassins mit einem Fassungsvermögen von jeweils 80 Kubikmetern.

49 Der Löwe hat unter seinen Hintertatzen ein groteskes Maskaron. Höhe der von Redtmer gefertigten Plastik: 1,65 Meter (Fundnummer 747).

50 Der in römischer Rüstung gekleidete König steht auf einem Konsolenkopf und hält in den Händen eine Harfe. Höhe der Skulptur 1,40 Meter (Fundnummer 897).

51 Das gekrönte Herzschild mit der Getreidegarbe ist 0,57 Meter hoch (Fundnummer 1306). Das gesamte Bildwerk (die beiden Cherubinen, Ornamente und Wappenschild) besteht aus Eichenholz und ist 1,70 Meter hoch und 1,52 Meter breit.

52 Von den sechs Kriegern sind fünf gefunden worden, vier davon waren sehr gut erhalten.

53 Der Pfosten besteht in seinem unteren Teil aus einer geschnitzten Männergestalt. Der obere Abschnitt stellt eine Männerbüste dar. Dazwischen ein grinsender Maskaron.

54 Gleichfalls eine charakteristische Arbeit von Redtmer.

55 Das Reichswappen sah im 17. Jahrhundert genau so aus wie heute, nur befindet sich im Herzschild neben der Garbe nunmehr auch das Wappen der Familie Bernadotte.

56 An der Backbordseite befindet sich der 1,60 Meter hohe »junge« Herkules (Fundnummer 1279). Gegenüber ist der 1,65 Meter hohe »alte« Herkules mit dem Höllenhund Zerberus zu sehen (Fundnummer 397).

57 28 römische Krieger schmücken die unteren Galerien (einschließlich Heckgalerie), 27 davon sind Originale.

58 Von den 27 römischen Kriegern (davon sieben der Heckgalerie) konnten 23 während der Bergungsarbeiten sichergestellt werden.

59 Von den 19 geborgenen Kaiserskulpturen — eine konnte nicht gefunden werden — sind identifiziert worden: Tiberius, Höhe 1,05 Meter (Fundnummer 728); Domitian, Höhe 1,32 Meter (Fundnummer 5759); Claudius, Höhe 1,00 Meter (Fundnummer 23121); Vitellius, Höhe 1,25 Meter (Fundnummer 5758); Titus, Höhe 1,34 Meter (Fundnummer 5795); Vespasian (Fundnummer 5739); Trajan (Fundnummer 5706); Hadrian (Fundnummer 23036); Marc Aurel (Fundnummer 5794); Pertinax, Höhe 1,10 Meter (Fundnummer 5721) und Commodus, Höhe 1,05 Meter.

60 Der Steuerbord angebrachte 2,55 Meter hohe Krieger mit einem Löwen und einem Hund zu Füßen ist ein Original (Fundnummer 23007). Von seinem Pendant auf der Backbordseite sind nur Fragmente gefunden worden.

61 Es gehört zu den musealen Prinzipien, daß eine Farbgebung nur erfolgen sollte, wenn alle Details bekannt sind. Bei vielen WASA-Figuren konnten jedoch keine Farbreste mehr nachgewiesen werden — das Gesamtbild ist also unvollständig.

62 Während der am äußeren Schiffsrumpf andauernden Restaurierungsarbeiten bestand die Gefahr einer Beschädigung der Originalkunstwerke, deshalb wurde auf Kopien zurückgegriffen. Dem Museumsbesucher wird trotzdem ein realistisches Bild von der verzierten WASA vermittelt.

63 Es wird vermutet, daß im Laufe der 333 Jahre nur fünf Prozent aller Skulpturen verlorengingen. Die Anzahl der geborgenen Schnitzwerke beläuft sich auf über 1000. Von den Skulpturen sind 57 Prozent aus Eichen-, 26 Prozent aus Linden- und 17 Prozent aus Kiefernholz gefertigt worden.

64 Wörtlich übersetzt »Kupfermatte«. »Matte« heißt hier soviel wie »sich in Schranken halten«. Die Statue war demzufolge früher ein Symbol für das Privileg der Behörden, Gerechtigkeit zu üben. Sie ist annähernd mit dem mittelalterlichen Roland, der auf den Marktplätzen vieler deutscher Städte steht, vergleichbar.

65 Redtmer, der offenbar eine leitende Stellung unter den Bildschnitzern Stockholms einnahm, schuf etwa 40 Prozent aller WASA-Skulpturen.

66 Der WASA-Ausschuß wurde aufgelöst, nachdem Konservierung und museale Bewahrung des Regalschiffes geklärt waren.

67 Zinn war als Importware in Schweden verhältnismäßig teuer.

68 Als ein jüngerer Sohn Johan III. erhielt er die Erlaubnis, das Münzrecht auszuüben.

69 Die Bezeichnung rührt vom Nordischen »klippen« (schneiden) her.

70 1 Daler entsprach 4 Mark, 1 Mark waren 8 Öre.

71 1 Tonne Roggen entspach etwa 146 Liter.

72 Siehe auch die im 1. Kapitel erwähnten Löhne.

73 Das Schiffsinnere wird auch künftig dem allgemeinen Besucherverkehr nicht zugänglich gemacht. Deshalb bemüht sich das Museum, einen realistischen Eindruck vom Leben der Menschen unter Deck in den Nebenräumen zu vermitteln.

74 Abgebildet sind je zweimal Herkules, ein am Achterkastell angebrachter Löwe, ein die Stückpforten verzierendes Löwenmaskaron und eine als grotesker Kopf gearbeitete Konsole sowie je einmal das schwedische Reichswappen mit den beiden Löwen vom Heckspiegel und das gezeichnete Regalschiff.

75 Die unabhängige Stiftung unterstützt durch Herstellung und Vertrieb von Souveniers finanziell das WASA-Projekt. Zuvor hatte bereits der WASA-NÄMDEN (WASA-Ausschuß) die begehrte WASA-Medaille prägen lassen und durch ihren Verkauf in »Svenska Handelsbanken« einen Reingewinn von einer Million Kronen erzielt.

76 Die wichtigsten Zeichnungen, nach neuesten Erkentnissen erarbeitet, sind in diesem Buch enthalten.

Legende zu Abb.
WASA-Museum auf dem hinteren Vorsatzpapier

1 Restaurant, 2 20 m über der Kielebene gelegene Aussichtsplattform, 3 Die Abteilung »Die Skulpturen der WASA« ist auf den beiden Balkonrampen im Bereich des Achterschiffes konzentriert, 4 Die Abteilung »Schiffbau im 17. Jahrhundert« befindet sich ebenfalls auf der Kielebene, 5 Die Abteilung »Die Takelage der WASA« veranschaulicht auf vielfältige Weise die Segeleigenschaften des Schiffes, 6 Zur Abteilung »Das Leben an Bord« zählen u.a. der Teil eines nachgestalteten Batteriedecks mit sich anschließender Admiralskajüte, 7 die Abteilung »Die WASA im 17. Jahrhundert«, 8 das Modell der WASA, 9 Kinosäle, 10 die Abteilung »Seekampf im 17. Jahrhundert«, 11 Eingangsbereich mit der Abteilung »Die WASA im 20. Jahrhundert«, 12 Zur Abteilung »Marinearchäologie in Schweden« auf der Kielebene gehören das Großboot und der Buganker der WASA, 13 Verwaltungstrakt
Zeichnung: Dick Holst und Örjan Falk, Studio Frank & Co

Technische Daten der WASA

Länge über alles (Spitze Bugspriet bis Hecklaterne)	61,00 m
Größte Breite	11,30 m
Länge in der Konstruktionswasserlinie	47,50 m
Länge des Kiels	38,34 m
Größte Höhe (Kiel bis Spitze des Flaggstockes am Großmast)	52,20 m
Größte Höhe des Achterkastells	20,20 m
Tiefgang beim vorderen Kielende	4,00 m
Tiefgang beim achternen Kielende	4,80 m
Masten	Fock-, Groß- und Besanmast
Segelfläche bei der Jungfernfahrt	etwa 653 m^2
Gesamtsegelfläche	etwa 1 300 m^2
Deplacement	1 200 t
Bewaffnung	64 Geschütze
Gesamtmasse der Geschütze	63,7 t
Steinballast	130 t

Das neue WASA-Museum
(Legende s. S. 167)

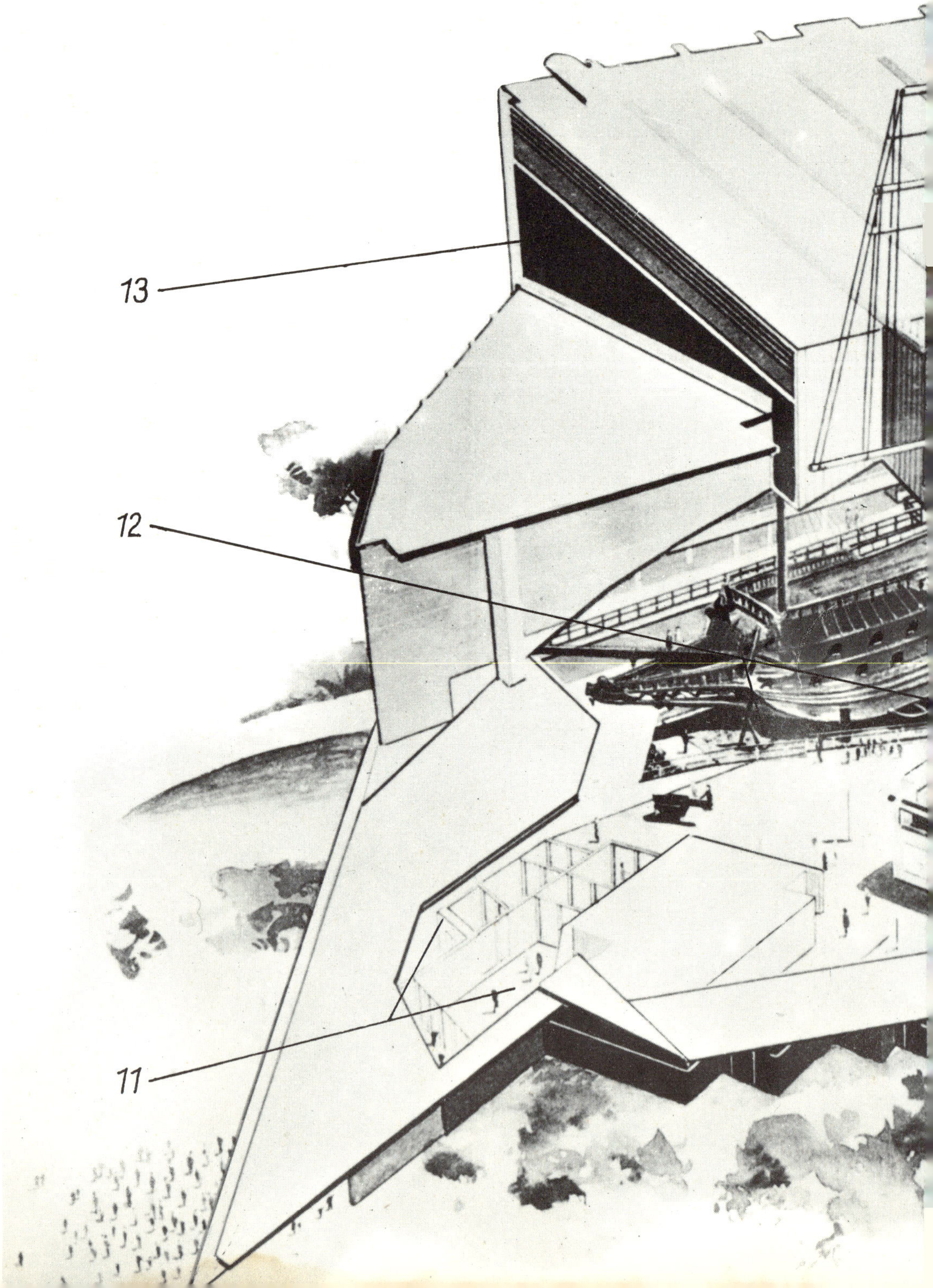